主 编／陈思

副主编／莫新平 滕宇帆 李 力

Cinema 4D

创意建模项目化案例教程

（微课+活页版）

清华大学出版社
北京

内 容 简 介

本书较为全面地介绍了 Cinema 4D 2023 的基本操作和核心功能,选取了部分"1+X"数字创意建模考试真题与企业真实项目融合。全书共包括 7 个项目:初识 Cinema 4D、Cinema 4D 数字创意建模基础、卡通角色设计、虚拟数字人中国娃娃、Cinema 4D 动画、Cinema 4D 与 Arnold 渲染器、"1+X"数字创意建模综合实训。每个项目包括 3 ~ 4 个任务,可以帮助读者将所学知识融会贯通,灵活应用。

为配合新形态教材的开发,便于师生开展教学与学习,本书配套了丰富的网络资源,包括微课视频、课件、源文件及素材包等。

本书既可以作为高等院校动漫制作、影视制作、数字媒体及艺术设计等相关专业的教学用书,也可以作为专业制作人员的参考资料和广大 CG(计算机图形)爱好者的自学参考书,还可以作为培训机构的培训教材。

图书在版编目(CIP)数据

Cinema 4D 创意建模项目化案例教程:微课 + 活页版 / 陈思主编 . —北京:清华大学出版社,2024.3
ISBN 978-7-302-65688-3

Ⅰ . ① C… Ⅱ . ①陈… Ⅲ . ①三维动画软件 – 教材 Ⅳ . ① TP391.414

中国国家版本馆 CIP 数据核字(2024)第 051195 号

责任编辑:张龙卿
封面设计:刘代书 陈昊靓
责任校对:李 梅
责任印制:丛怀宇

出版发行:清华大学出版社
　　　　　网　　　址:https://www.tup.com.cn, https://www.wqxuetang.com
　　　　　地　　　址:北京清华大学学研大厦 A 座　　　邮　　编:100084
　　　　　社 总 机:010-83470000　　　　　　　　　邮　　购:010-62786544
　　　　　投稿与读者服务:010-62776969, c-service@tup.tsinghua.edu.cn
　　　　　质量反馈:010-62772015, zhiliang@tup.tsinghua.edu.cn
　　　　　课件下载:https://www.tup.com.cn, 010-83470410

印 装 者:三河市龙大印装有限公司

经　　销:全国新华书店

开　　本:185mm×260mm　　　印　　张:8.25　　　字　　数:187 千字

版　　次:2024 年 4 月第 1 版　　　　　　　　　印　　次:2024 年 4 月第 1 次印刷

定　　价:69.00 元

产品编号:099757-01

前　言

　　Cinema 4D 是一款功能强大的三维设计软件工具，它不仅应用于电影制作、广告设计和游戏开发，还广泛应用于建筑可视化、工程设计、艺术创作、虚拟现实等领域。本书结合作者多年的实践教学和企业真实项目编写而成，以基础知识和实践项目为主线，展示 Cinema 4D 这款强大的三维建模、动画和渲染软件的魅力和无限可能。

　　本书注重思政建设，积极深入贯彻党的二十大关于高等教育和教材建设的相关精神，针对当前各所高校建模类课程的数字化建设需要，由从事建模课程多年的一线教师和"1+X"数字创意建模职业技能等级证书评价组织的相关人员一起编写而成。

　　本书侧重介绍 Cinema 4D 2023 版的基本操作和核心功能，主要包括建模、动画、材质和渲染等技术。本书内容简明易懂，让读者可以轻松掌握 Cinema 4D 的使用技巧，从而为读者打开一扇通往创意和职业发展的大门。

　　本书共分 7 个项目，项目 1 至项目 5 由陈思编写，项目 1 初识 Cinema 4D 可以让初学者对 Cinema 4D 软件进行总体的了解；项目 2 至项目 4 为建模部分，能够让读者循序渐进地掌握 Cinema 4D 的模型制作功能；项目 5 为动画部分，讲述了关键帧动画、运动图形、效果器和动力学动画的制作；项目 6 为 Arnold 渲染器部分，讲述了用 Arnold 渲染器进行各种材质的设置及渲染，此部分由滕宇帆编写；项目 7 为"1+X"数字创意建模综合实训部分，紧密对接"1+X"数字创意建模职业技能等级证书的实操真题，读者学完后可以具备考取"1+X"数字创意建模职业技能等级证书的能力，此部分由浙江中科视传科技有限公司副总经理李力编写。全书由莫新平和陈思进行统稿。在此，对编写团队各位成员和合作企业表示深深的感谢！

　　本书图文并茂，大量的操作不仅有界面展示，还有相应的微课视频指导，配套的教学视频中主要以思路实践操作为主，参数设置仅供参考，读者学习及操作过程中若与书中稍有出入，不影响实操效果。建模部分参数讲解与任务案例相结合，使读者了解参数功能的同时，能更快地举一反三、活学活用。

本书配套资源如下：

- 教学微课视频
- 案例工程文件及素材
- 教学 PPT 课件
- 教学教案
- "1+X" 数字创意建模职业技能等级证书理论试题库

ORID 成果梳理表

衷心希望本书能为读者带来有益的学习体验和灵感的启迪。由于作者的经验和水平有限，书中若有不足或疏漏之处，恳请广大读者提出宝贵的意见和建议。

编　者

2024 年 3 月

目　　录

项目1　初 识 Cinema 4D

项目导读

随着元宇宙、数字媒体以及虚拟现实技术的发展,人们对于视觉效果的要求越来越高,同时对视觉传达有了更高层次的要求,不仅要包含美与创意,还要有吸引人视觉的冲击力。大众所喜爱的设计风格也受到了新技术的影响。在这种发展背景下,Cinema 4D 应运而生。目前在很多领域都会用到 Cinema 4D 软件。

学习目标

知 识 目 标	能 力 目 标	素 质 目 标
(1) 了解Cinema 4D软件; (2) 了解Cinema 4D的应用领域	熟练掌握Cinema 4D的界面与操作	(1) 形成立足职业技能岗位的意识; (2) 具有探究及创新的意识

任务 1.1　Cinema 4D 简介

1. 知识导入

Cinema 4D（图 1-1）简称 C4D,是德国 Maxon 公司出品的三维软件,能够进行建模、动画制作和渲染输出。Cinema 4D 的建模、动画制作、灯光制作、材质制作、渲染等功能在影视后期制作、UI 设计、平面设计等多个领域都可以用到。

图　1-1

（1）Cinema 4D 的优势如下。

① Cinema 4D 提供了丰富的建模工具和技术,可以创建各种复杂的三维模型。它支持多种建模方法,包括多边形建模、NURBS 建模和体积建模等。它具有强大的动画功能,可以创建流畅的运动图形和特效。它支持关键帧动画、路径动画、动力学模拟和粒子系统等。它内置了高质量的渲染引擎,可以生成逼真的渲染效果。它支持全局光照、阴影、折射、反射和体积渲染等功能,并提供了丰富的材质库和纹理编辑工具,可以创建逼真的表面材质效果。它支持纹理映射、投影纹理、位移贴图和体积纹理等。

② Cinema 4D 的动力学引擎可以模拟物体之间的力学和物理行为。它支持刚体动力学、布料模拟、液体模拟和碰撞检测等。它还具有强大的效果器与生成器。它的动力学模块提供了模拟真实物理环境的功能,在 Cinema 4D 所提供的物理空间里面可以实现重力、风力、

质量、刚体、柔体等物理效果。

③ Cinema 4D 支持多种软件与插件，比如 C4D 阿诺德渲染器插件 (C4DtoA)。阿诺德渲染器是一款高级的蒙特卡洛光线追踪渲染器，专为满足长篇动画制作和视觉效果的创建要求而编写，是一种逼真、随机且可进行光线追踪的渲染器，被世界各地的视觉效果和动画工作室广泛使用，应用效果如图 1-2 所示。

图 1-2

④ Cinema 4D 可以与服装设计软件 Marvelous Designer 进行互通。通过在 C4D 中建立模型并导入 Marvelous Designer 进行服装设计，可以达到逼真的服装效果。这种方法经常应用于卡通人物建模的作品中，如图 1-3 所示。

图 1-3

⑤ Cinema 4D 有易上手的雕刻系统。Maxon 公司的雕刻系统已经变得越来越强大，全球著名的雕刻软件 ZBrush 被 Maxon 公司收购，这项收购意味着 C4D 在雕刻系统上会有更强大的发展。

⑥ Cinema 4D 有真实的毛发系统。真实的毛发系统可以在短时间内创造出有质感的真实毛发效果。

⑦ Cinema 4D 的关键帧动画与 After Effects 可以完美联动。它自带的骨骼系统非常简单，人物绑定方面比起 Maya 等三维软件要更加易于应用。

（2）Cinema 4D 与阿诺德渲染器。Arnold 渲染器是一款基于物理算法的电影级别渲染引擎，由 Solid Angle SL 公司开发，正在被越来越多的电影公司以及工作室作为首选渲染器。其具有运动模糊、节点拓扑化等特点，支持即时渲染，可以节省内存损耗等。

Arnold 使用前沿的算法，充分利用包括内存、磁盘空间、多核心、多线程等在内的硬件资源。其设计构架能很容易融入现有的制作流程。目前，越来越多的电影和动画的制作都使用了 Arnold 渲染器。

2. 实施步骤

（1）制订调研计划。制订切实可行的调研计划，设计调研途径和内容。

（2）开展调研。通过搜索引擎查找网络资源等方式，了解常用的三维软件，以及使用相关三维软件能设计制作出什么样的作品等。

（3）撰写调研报告与汇报 PPT。整理数据及资料，结合实际案例，形成调研报告与汇报 PPT。

（4）交流与汇报。小组之间进行交流学习，共同进行探讨与分享。

3. 总结与反思

通过本任务，我们已经深入了解了 Cinema 4D 与阿诺德渲染器相关知识。三维软件的发展是元宇宙（Metaverse）形成的基石，三维软件与元宇宙之间存在关系，尽管它们是不同领域的概念，但在某些方面存在交集，还需要我们不断探索。

扩展阅读：为什么三维软件的发展被认为是元宇宙形成的基石

任务 1.2　Cinema 4D 的应用领域

1. 知识导入

（1）动漫 IP 建模。3D 角色设计从需求到应用得到快速发展，有逐步流行起来的趋势。它会是视觉设计中越来越常见的元素，是品牌和产品设计时更好用的"代言人"。

目前，Cinema 4D 在三维角色设计中的应用主要有动漫 IP 建模，比如盲盒潮玩设计等领域，如图 1-4 所示。IP（intellectual property）即知识产权的简称。现在不仅指知识产权，而是泛指影视、动漫、文学、游戏等领域的一切内容的生产。

图　1-4

动漫 IP 是指动漫作品的知识产权，作品本身或者作品中的人物都能成为流量巨大的动漫 IP。通过将 IP 与自家的产品做深度结合，可以起到提升品牌影响力以及让客户群快速扩大的作用。IP 是动漫产业链的核心，整个动漫产业链都围绕动漫 IP 展开，其主要环节包括漫画制作、动画制作。动漫 IP 是指在动画领域中,包括动画片、漫画、游戏、衍生产品等,以及与之相关的角色、故事情节、世界观等的创作和创意的产权。

动漫 IP 通常由一个原创故事或者角色构成,它们具有独特的风格和特点,吸引了一定的用户群体。动漫 IP 可以通过动画片、漫画、游戏等不同媒介进行传播和延伸,形成多个衍生产品,并在市场上产生商业价值。

动漫 IP 的成功对于动漫产业来说非常重要,因为一个受欢迎的动漫 IP 可以吸引更多的观众和粉丝,从而带来更多的收益和商机。许多成功的动漫 IP 也会被扩展到其他领域,例如影视改编、周边商品、主题公园等,进一步推动了动漫 IP 的价值和影响力。

NFT 通常称为"数字藏品",随着"元宇宙"概念的快速膨胀,越来越多的基于元宇宙概念的设计开始发展。元宇宙概念的扩张,让这个数字世界中对应用户本身角色的基础设施需求量大增,这也使得以 3D 角色为主的 NFT 正在大规模扩展。

3D 角色设计的快速发展植根于快速崛起的 IP 角色设计和急剧扩张的 3D 设计,而 NFT 领域的火爆又变相促进了 3D 角色在 UI、网页、H5 等各种日常使用场景下的应用。Cinema 4D 在其中充当的技术实现环节是不可或缺的。

NFT 代表非同质化代币（non-fungible token）,是一种基于区块链技术的数字资产。与传统的加密货币（如比特币或以太坊）不同,NFT 是独一无二、不可替代的数字资产。NFT 的独特之处在于它们具有独立的标识和元数据,可以代表数字内容、艺术品、音乐、视频、虚拟房地产等各种形式的数字资产。每个 NFT 都有一个唯一的所有权和身份,可以在区块链上进行验证和交易。

NFT 的区块链技术使得数字资产的所有权和交易历史可以被公开记录和验证,从而增加了数字资产的透明性和可信度。此外,NFT 还可以为创作者提供更多的收益和控制权,因为他们可以在每次 NFT 被转售时获得一定的版税。

NFT 在艺术市场上引起了很大的关注,因为它们为数字艺术品提供了独特的身份和证明,解决了数字作品易于复制和传播的问题。许多艺术家、音乐家和品牌已经开始使用 NFT 来创作、销售和推广数字作品。

（2）平面设计。现阶段的 Cinema 4D 在海报、VI 应用、包装设计、效果图展示等方面都有广泛的应用,多应用在产品包装、场景搭建等方面,其独特的三维视效元素增强了视觉设计张力。

（3）电商设计。Cinema 4D 在电商设计中使用更为广泛,如电商专题活动页、产品详情页、产品主图、Banner。很多电商店铺的设计都采用三维场景及产品展示,真实感能带来更震撼的视觉效果。

（4）UI 设计。在 App 产品中的闪屏、引导页、弹窗、活动等也在应用 3D 类型的设计,尤其是闪屏、引导页中应用更加广泛。

（5）影视后期。Cinema 4D 诞生之初就是为影视后期而生。在影视设计领域,它主要用作搭建三维场景,创建角色模型,演绎动画创意,影视广告包装等。

（6）元宇宙。元宇宙包括以下四个方面。

三维建模和设计:元宇宙需要大量的三维建模、设计和动画工作,用来创造虚拟空间、角色、道具等。三维软件在这方面扮演着关键角色,它们被用来创造元宇宙中的各种元素。

虚拟现实和增强现实:元宇宙通常涉及虚拟现实(VR)和增强现实(AR)技术,这些技术需要三维视觉内容来实现沉浸式体验。三维软件有助于制作这些内容,使其逼真而引人入胜。

创意与表现:元宇宙是创意和自由表达的平台,而三维软件为创作者提供了展现他们想象力的工具。设计师、艺术家和创作者可以使用三维软件创造出独特的虚拟世界。

交互性和用户体验:三维软件有助于创造元宇宙中的交互式元素,使用户能够在虚拟世界中自由移动和参与。这种交互性是元宇宙的核心之一。

2. 实施步骤

(1) 制订调研计划。制订切实可行的调研计划,设计调研途径和内容。

(2) 开展调研。通过搜索引擎查找网络资源等方式,探索并举例说明Cinema 4D 在影视特效包装、广告动画、电商领域及虚拟现实应用等方面都有哪些广泛的用途,三维软件与元宇宙之间有何种联系等。

扩展阅读:制订调研计划需要注意的问题

(3) 撰写调研报告与汇报 PPT。整理数据及资料,结合实际案例,形成调研报告与汇报 PPT。

(4) 交流与汇报。小组之间进行交流学习,共同进行探讨与分享。

3. 总结与反思

通过本任务的学习,我们可以了解元宇宙是一个虚拟世界的概念,通常由多个虚拟现实、增强现实、三维建模、动画等技术构成。三维软件是构建虚拟世界的重要工具之一,为元宇宙的创建提供了基础。虽然三维软件是元宇宙的一部分,但元宇宙还包括更多的要素,如虚拟社交、数字经济、分布式计算等。元宇宙是一个更广泛的概念,代表了一个多层次的、与现实世界平行的数字虚拟空间。元宇宙的构建需要多个领域的融合,其中三维技术是其中之一,但不是唯一的。

任务 1.3　Cinema 4D 界面与操作

1. 知识导入

Cinema 4D 的工作流程一般为建立模型,赋予材质,设置灯光,设置摄像机。如果需要制作动画,则还需要设置关键帧,然后渲染输出。

Cinema 4D 启动时的界面如图 1-5 所示。

界面布局:Cinema 4D 的界面布局中有很多预设的界面,如UV 编辑界面、动画界面等。

Cinema 4D 界面与操作

菜单栏:包含软件的各种菜单和工具等。

视图窗口:主要的操作界面。

工具栏:包括大部分常用的基础建模工具。

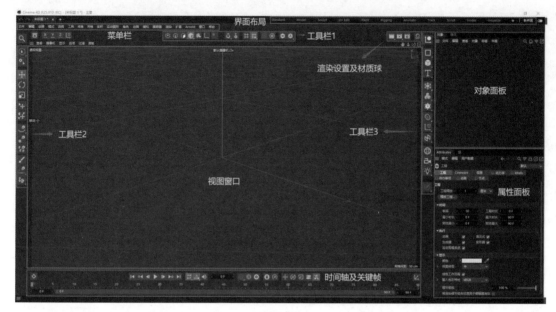

图　1-5

时间轴及关键帧：制作动画时使用。

渲染设置及材质球：可以创建材质及实时渲染。

对象面板：显示模型对象创建后的父子级结构关系。

属性面板：显示每个在对象面板中被选中的父子级可编辑的属性。

Cinema 4D 2023 版本与 Cinema 4D 之前版本的界面进行了较大的更新，不仅在功能上有所提升，在界面方面也进行了较大的变动。可以通过"界面布局"中的"新界面" 新界面 ⬤ 功能进行新老界面的切换，如图 1-6 和图 1-7 所示。

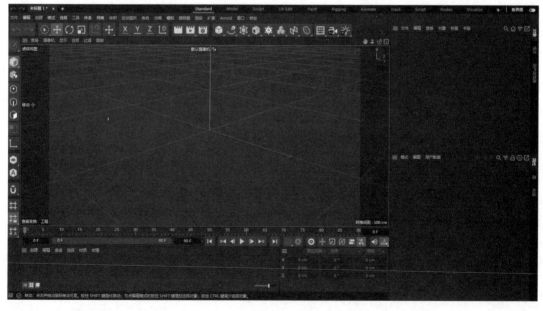

图　1-6

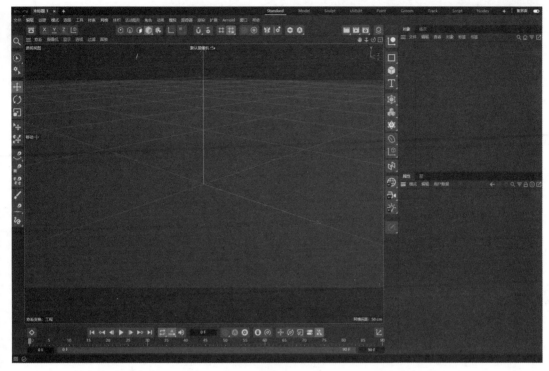

图 1-7

Cinema 4D 中的建模是在视图窗口中创建三维模型。三维建模是三维设计的第一步，所有的效果都是在建模的基础上进行表现。按一下鼠标中键，可以切换为多视图界面，如图 1-8 和图 1-9 所示。再次按下鼠标中键，则可以切换回鼠标所在的视图界面。

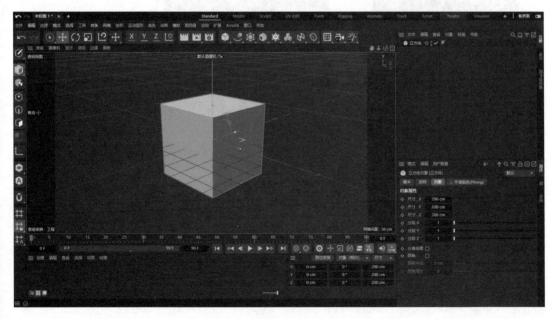

图 1-8

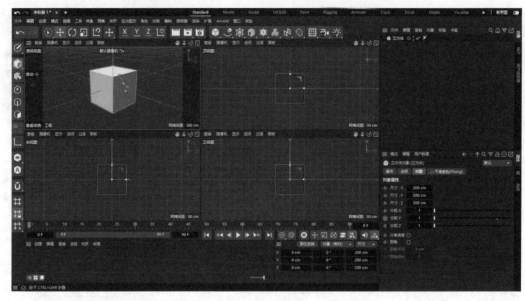

图 1-9

　　Cinema 4D 中的蓝色图标组有"样条"命令组、"对象"命令组和"文字"命令组。每一个命令组中都有一些常用的工具，如图 1-10 ～图 1-12 所示。

图 1-10

图 1-11

图 1-12

　　Cinema 4D 中的绿色图标组为"生成器"命令组，主要用于模型的生成或者对模型进行建模塑造，如图 1-13 ～图 1-15 所示。

　　Cinema 4D 中的紫色图标组为"变形器"命令组，主要用于模型的变形功能及动画制作等功能，如图 1-16 和图 1-17 所示。

　　在 Cinema 4D 中还有经常会用到的"点"模式、"边"模式、"多边形"模式、"模型"模式和"纹理"模式，其中"多边形"模式也被称为"面"模式。在每个模式下右击，出现的建模工具菜单都不相同。

图 1-13

图 1-14

图 1-15

图 1-16

图 1-17

在"点"模式  下右击，则出现如图 1-18 所示的菜单。在"边"模式 下右击，则出现如图 1-19 所示的菜单。在"面"模式 下右击，则出现如图 1-20 所示的菜单。

图　1-18

图　1-19

图　1-20

"文件"菜单中最常用的命令为"保存项目"，快捷键为 Ctrl+S，如图 1-21 所示。

2. 实施步骤

Cinema 4D 新版本和老版本之间的差异通常涉及以下几个方面。

（1）增强的功能和新增特性：每个新版本通常都会引入新的功能、工具和特性，以提升用户体验和创作效率。这些新增功能可能包括更先进的建模工具、动画控制、渲染技术等，使用户能够创造更高质量的作品。

（2）性能优化：新版本通常会对软件的性能进行优化，使其更加稳定和高效，包括提高运行速度，减少内存占用，优化渲染速度等，以确保用户在创作过程中获得更好的体验。

（3）渲染引擎改进：Cinema 4D的渲染引擎通常会在新版本中得到改进和升级，这可能涉及渲染质量的提升，引入新的渲染技术，增加渲染效果等，以提供更逼真的视觉效果。

（4）交互性和用户界面：新版本可能会对用户界面进行改进，使其更加直观和易用。同时，可能会增加新的交互式功能，以提升用户在建模、动画制作和渲染过程中的控制和操作。

（5）兼容性和文件格式：新版本通常会保持与旧版本文件的兼容性，但也可能引入一些新的文件格式或更新现有的文件格式，这可以确保用户在不同版本之间无缝切换和共享项目。

（6）第三方插件支持：Cinema 4D有许多第三方插件，用于扩展软件的功能。随着新版本的发布，这些插件也可能会进行更新，以适应新的功能和技术。

图 1-21

3. 总结与反思

Cinema 4D的新版本通常旨在提供更多的创作工具，同时会提升性能和增强渲染效果，改善用户的体验，并保持与行业标准和最新技术的兼容性。用户可以根据自己的需求和项目要求选择合适的版本。

扩展阅读：Cinema 4D
软件的发展历程

项目2　Cinema 4D数字创意建模基础

项目导读

Cinema 4D数字创意建模基础项目将对Cinema 4D的基础几何形的移动、缩放、旋转，以及生成器建模、变形器建模、多边形建模、体积建模和雕刻建模等技术进行系统的讲解。通过本项目的学习，读者可以对Cinema 4D中的建模技术有一个系统、全面的认识，并能够掌握简单的模型制作方法。

学习目标

知 识 目 标	能 力 目 标	素 质 目 标
(1) 掌握参数化对象建模的常用工具； (2) 掌握生成器建模的常用工具； (3) 掌握变形器建模的常用工具； (4) 掌握多边形建模的常用工具； (5) 掌握雕刻建模的常用工具	(1) 掌握参数化对象建模的方法与技巧； (2) 掌握生成器建模的方法与技巧； (3) 掌握变形器建模的方法与技巧； (4) 掌握多边形建模的方法与技巧； (5) 掌握雕刻建模的方法与技巧	(1) 形成职业技能岗位意识，具有探究及创新的意识； (2) 养成严谨踏实的学习、工作作风

任务 2.1　几 何 兔 子

1. 知识导入

中国传统文化中，兔子被视为一个具有特殊意义的动物，常常象征着吉祥、富贵。以下是一些中国传统文化中常见的兔子元素。

兔子年：在中国农历中，有一个十二生肖的周期，每个年份都与一个动物相对应。兔子是十二生肖之一，因此每逢兔年，兔子成为人们庆祝和象征的对象。

玉兔：在中国传统的月亮传说中，有一种称为"玉兔"的兔子生活在月球上。玉兔常被描绘成携带药草或捣药的形象，被视为月亮女神嫦娥的伙伴。

白兔：白兔在中国文化中象征着纯洁和美好。白兔的形象常被用于诗歌、绘画和传统手工艺品中，代表着幸福、吉祥和好运。

花兔：花兔是一种常见的中国传统绘画元素，其特点是身上装饰有各种花朵图案。花兔象征着春天、繁荣和生机。

这些兔子元素在中国传统文化中扮演着吉祥和美好的角色，它们的形象经常出现在绘画、雕刻、刺绣等艺术形式，以及与节庆活动相关的装饰品和礼品中。兔子元素体现了人们对吉祥和幸福的向往。

本任务设计制作一个由简单几何体组合而成的兔子卡通形象模型,在设计制作之前,首先要分析真实兔子的身体结构。通过真实的形象从而概括出抽象的几何形象,最后再进行几何体的组合与拼接。主要使用了基础几何。

几何兔子(步骤1~8)

2. 实施步骤

(1) 新建基础几何"球体",并设置"半径"为60cm,"分段"为60以使球体圆滑。参数如图 2-1 所示。

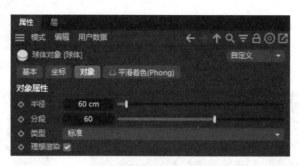

图 2-1

(2) 再次新建基础几何"球体",设置"半径"为50cm,设置"分段"为60以使球体圆滑,参数如图 2-2 所示。拼接组合两个球体,效果如图 2-3 所示。

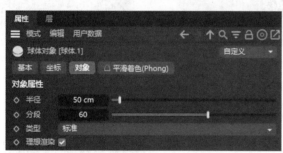

图 2-2

图 2-3

(3) 新建基础几何体"胶囊",并设置"半径"为10cm,"高度"为70cm,"高度分段"为4,"封顶分段"为15,"旋转分段"为35,参数如图 2-4 所示。适当放在球体的上方,并按住 Ctrl 键拖曳复制出另一个,制作出兔子的耳朵,效果如图 2-5 所示。

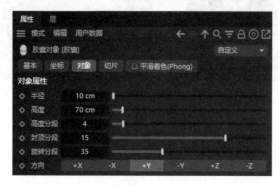

图 2-4

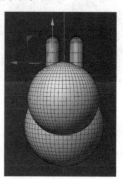

图 2-5

（4）按住 Ctrl 键拖曳复制出上述步骤的"胶囊"几何体，适当移动并旋转，放在球体的前方，制作出兔子的手臂，效果如图 2-6 所示。

（5）新建基础几何体"胶囊"，在"属性"→"切片"面板中勾选"切片"复选框 ◇ 切片 ✔，制作切片的胶囊，仅保留胶囊的一半，设置"半径"为 23cm，"高度"为 93cm，"高度分段"为 4，"封顶分段"为 10，"旋转分段"为 30，参数如图 2-7 所示。适当移动、旋转胶囊并放在球体的下方，再按住 Ctrl 键拖曳复制出另一个，将其适当移动、旋转并放在球体的下方，制作出兔子的腿部，效果如图 2-8 所示。

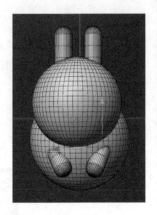

图　2-6

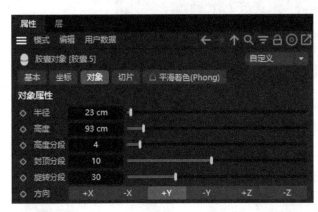

图　2-7

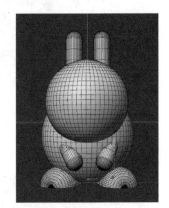

图　2-8

（6）新建基础几何"球体"，设置"半径"为 18cm，设置"分段"为 60 以使球体圆滑。参数如图 2-9 所示。拼接组合球体，制作出兔子尾巴的部分，效果如图 2-10 所示。

图　2-9

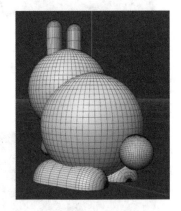

图　2-10

（7）新建基础几何"球体"，设置"半径"为 12cm，设置"分段"为 60 以使球体圆滑。参数如图 2-11 所示。拼接组合球体，将其适当移动并放在球体的前方，再按住 Ctrl 键拖曳复制出另一个，制作出兔子的眼睛部分，效果如图 2-12 所示。

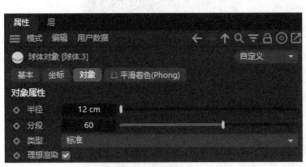

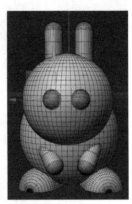

图　2-11　　　　　　　　　　图　2-12

（8）新建基础几何体"胶囊"，设置"半径"为1.5cm，"高度"为7cm，"高度分段"为4，"封顶分段"为15，"旋转分段"为35，参数如图2-13所示。将其适当移动、旋转并放在球体的前方，再按住Ctrl键拖曳复制出2个，适当移动、旋转位置，制作出兔子的嘴巴，效果如图2-14所示。

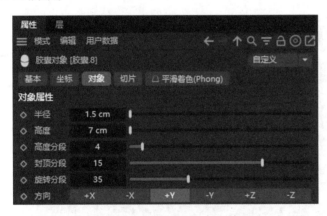

图　2-13　　　　　　　　　　图　2-14

（9）新建一个"地板"，放在兔子的下方；再复制一个"地板"，放在兔子的后方。然后可以开始进行渲染。选择Arnold→"Arnold天空"命令，再单击 打开"材质管理器"面板，选择"创建"→Arnold→"曲面Surface"→standard_surface命令，新建默认Arnold材质球，如图2-15所示。

几何兔子（步骤9～13）

双击材质球，打开"材质编辑器"面板，默认参数即为白色反光塑料材质，具体可参考图2-16所示功能设置特殊塑料效果。

（10）分别设置如图2-17所示的材质球样式，也可根据效果自行调节，并把材质球拖拽到模型上，给模型赋予材质。

（11）在给模型赋予材质时，可以选择Arnold→"Arnold天空"命令，继续选择Arnold→"IPR实时预览"命令，即可实时预览模型效果，如图2-18所示。

图　2-15

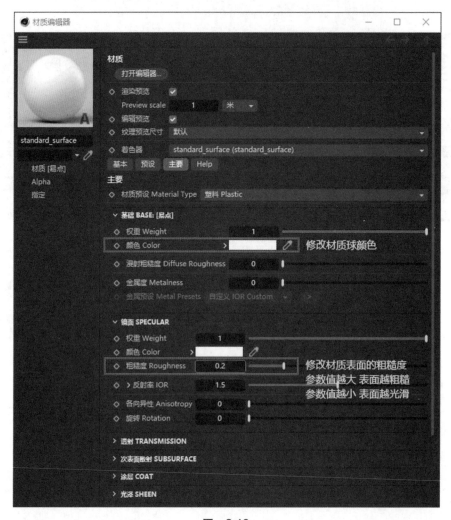

图　2-16

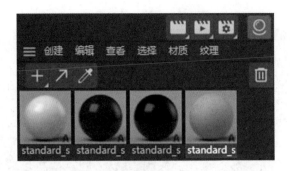

图　2-17

图　2-18

（12）调整好效果后，选择"编辑渲染设置" ，打开"渲染设置"面板，然后设置渲染
参数，如图 2-19～图 2-22 所示。

注意："格式"设置的单张静帧图片一般为 JPG 或 PNG 即可。

另外，在设置"采样 SAMPLING"各项参数值时不宜过小，参数值过小容易导致渲染
出的效果图不清晰；也不宜过大，参数值过大会导致渲染速度较慢或出现死机的情况，所以
设置较为适中且合理的参数值较为重要。

（13）单击"渲染到图像查看器"，即可进行效果图渲染，如图 2-23 所示，最终得到
效果如图 2-24 所示。

3.　总结与反思

本任务主要运用了基础几何形和移动、缩放、旋转等工具来设计制作兔子形象。Cinema 4D
软件作为三维视觉软件工具，对于模型的精确程度要求不是太高，读者可根据模型的比例大
小等自行设计参数，来达到进行作品原创的目的。

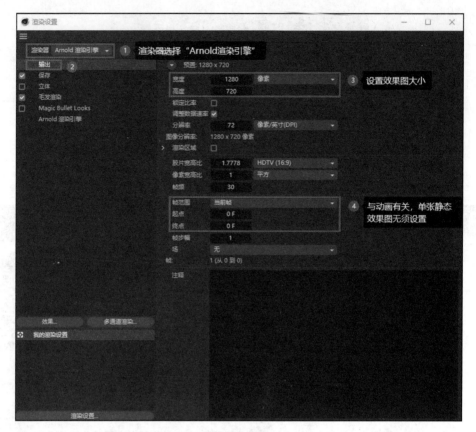

图　2-19

图　2-20

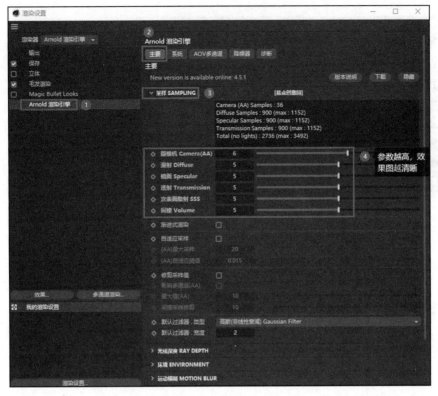

图 2-21

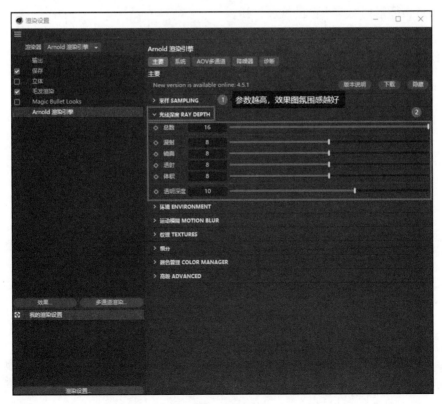

图 2-22

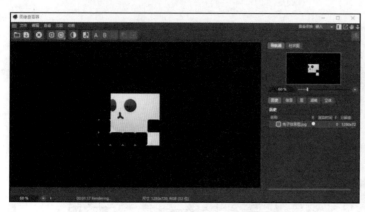

图 2-23

图 2-24

任务 2.2　火箭与太空猫

1. 知识导入

长征系列运载火箭是中国自行研制的航天运载工具。长征运载火箭起步于 20 世纪 60 年代，1970 年 4 月 24 日"长征一号"运载火箭首次发射"东方红一号"卫星成功。航天技术是国家综合实力的重要组成和标志之一，进入空间的能力是综合国力和科技实力的主要标志。确保安全、可靠、快速、经济、环保地进入空间，推进太空探索技术发展，促进人类文明进程，是长征系列运载火箭的发展目标。

本任务设计制作一个由简单几何体组合而成的太空猫卡通形象模型，以及一个火箭模型组合而成的小场景，如图 2-25 所示。在设计制作之前，首先要分析真实火箭的结构。

图 2-25

本任务主要使用了基础几何，以及"移动" ✛、"缩放" ⬜ 和"旋转" ⟳ 等基础建模工具，同时还使用了"布料曲面""挤压""旋转""对称""转为可编辑对象""地形"等工具或功能。渲染时主要采用了 Arnold 基础材质、玻璃材质、金属材质、发光材质等。

2. 实施步骤

（1）新建基础几何"球体"，设置"半径"为60cm，设置"分段"为60以使球体圆滑。参数如图2-26所示。

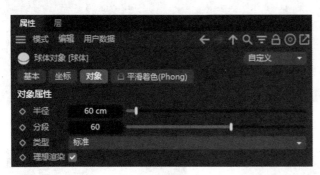

火箭与太空猫
（步骤1～4）

图 2-26

（2）选中"球体"，按C键将其转换为可编辑对象。选择"点模式" ，右击，选择笔刷工具 （快捷键为MC），并设置"尺寸"为100cm，"强度"为50%，如图2-27所示。全部选中"球体"的点，在"球体"上拉动点，使球体变成不规则的形状，如图2-28所示。

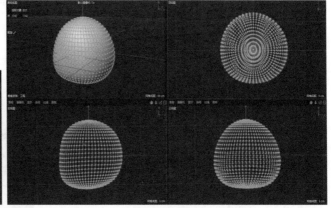

图 2-27

图 2-28

（3）新建基础几何"球体"，并设置"半径"为38cm，设置"分段"为50以使球体圆滑。参数如图2-29所示。选中"球体"，按C键将其转换为可编辑对象；再选中"球体"按T键，适当压扁球体，如图2-30所示。

> **注意**：按住鼠标中键可来回切换透视视图和三视图界面，以便观察模型的形态。

选择"点模式" ，按MC切换为笔刷工具，并设置"尺寸"为50cm，"强度"为50%，如图2-31所示。全部选中"球体"的点，在"球体"上拉动点，使球体变成类似圆润三角形的形状，并适当旋转调整模型位置，如图2-32所示。

21

图　2-29

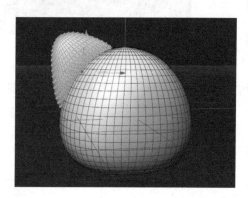

图　2-30

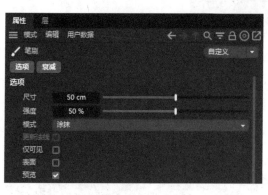

图　2-31

图　2-32

（4）复制圆润的三角形模型并缩小。把两个类似圆润的三角形的形状选中，按 Alt+G 组合键进行编组，然后选择"对称"工具，把这个组放在"对称"的子级中，层级关系如图 2-33 所示。至此，耳朵部分制作完成，如图 2-34 所示。

图　2-33

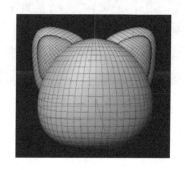

图　2-34

（5）新建基础几何体"胶囊"，设置"半径"为 5cm，"高度"为 23cm，"高度分段"为 4，"封顶分段"为 15，"旋转分段"为 35，参数如图 2-35 所示。适当旋转、调整其位置并放在"球体"的上方，再在"模型模式"下按住 Ctrl 键拖曳复制出另一个，调整位置，制作出眉毛部分，如图 2-36 所示。

火箭与太空猫
（步骤 5 ～ 6）

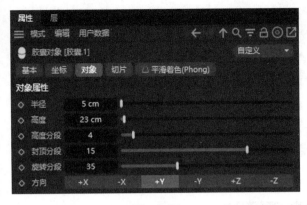

图　2-35

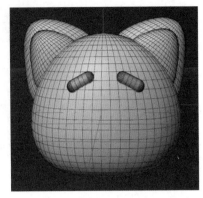

图　2-36

📌**注意**：这一步骤不使用"对称"是因为在制作头部的时候，使用的"笔刷"工具具有一定的随机性，最好通过位置调节制作出眉毛的部分。当然若对"笔刷"工具的应用熟练到一定程度，也可以制作出想要的类似对称的效果。在本案例中，可以通过复制、粘贴的方法来制作眉毛、眼睛和嘴巴等部分，同时，若头部的部分用"笔刷"工具制作得较为规整，也可以通过"对称"的方式来制作五官部分。

（6）新建基础几何"球体"，设置"半径"为18cm，设置"分段"为40以使球体圆滑，参数设置如图2-37所示。将其适当移动并放在头部球体的前方，按C键将其转换为可编辑对象。适当地压扁球体，复制这个球体形状并缩小，选中这两个压扁的球体，按ALT+G组合键将其进行编组。然后选择"对称"工具，把这个组放在"对称"的子级中，其层级关系与耳朵部分的层级关系相同。眼睛部分制作完成，如图2-38所示。

图　2-37

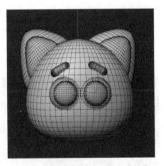

图　2-38

（7）新建基础几何"球体"，设置"半径"为5cm，设置"分段"为16以使球体圆滑，参数设置如图2-39所示。将其适当移动并放在眼睛部分的下方及头部球体的前方，制作出鼻子部分，如图2-40所示。

（8）新建基础几何体"胶囊"，设置"半径"为2cm，"高度"为11cm，"高度分段"为4，"封顶分段"为8，"旋转分段"为20，参数如图2-41所示。将其适当移动并放在头部，然后选择"对称"工具，把"胶囊"放在对称的子级中。嘴巴部分制作完成，如图2-42所示。

火箭与太空猫
（步骤7～9）

图 2-39

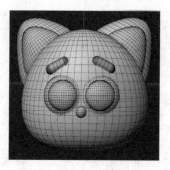

图 2-40

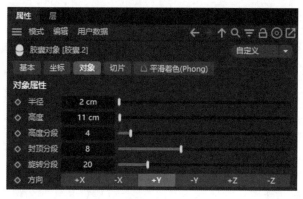

图 2-41

图 2-42

（9）新建基础几何"球体"，设置"半径"为10cm，设置"分段"为40以使球体圆滑，参数设置如图2-43所示。将其适当移动位置并放在球体的前方，再按C键将其转换为可编辑对象。按T键切换到"缩放"工具，适当地压扁球体，放在头部合适位置，制作出腮红的部分。此步骤可用复制、粘贴的方式制作出另外一侧腮红部分，也可适当运用"对称"工具进行制作，效果如图2-44所示。

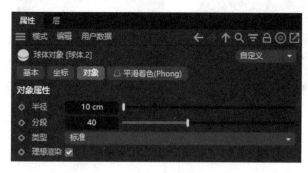

图 2-43

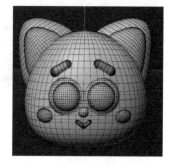

图 2-44

太空猫的头部就制作完成。把所有对象全部选中后，按ALT+G组合键进行编组，把组重命名为"头部"，并适当地把"头部"对象向上移动。

（10）新建基础几何"球体"，设置"半径"为36cm，设置"分段"为35以使球体圆滑，参数如图2-45所示。

火箭与太空猫
(步骤10～16)

图　2-45

（11）选中"球体"，按C键将其转换为可编辑对象。选择"点模式" ，按MC切换为笔刷工具，并设置"尺寸"为50cm，"强度"为50%，如图2-46所示。全部选中"球体"的点，在"球体"上拉动点，使球体变成不规则的形状，如图2-47所示。

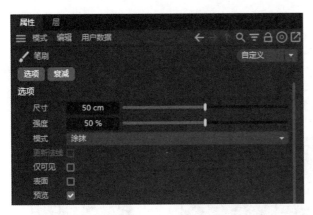

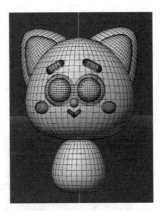

图　2-46

图　2-47

（12）新建基础几何体"胶囊"，设置"半径"为13cm，"高度"为68cm，"高度分段"为4，"封顶分段"为15，"旋转分段"为30，参数如图2-48所示。将其适当移动并放在身体部分的一旁，然后选择"对称"工具，把"胶囊"放在对称的子级中。手臂部分制作完成，如图2-49所示。

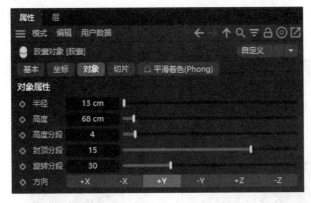

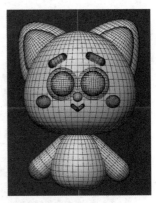

图　2-48

图　2-49

（13）腿部的制作部分与手臂部分同理，效果如图 2-50 所示。再整理一下对象部分的名称，如图 2-51 所示。

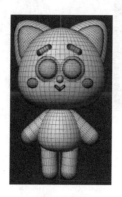

图 2-50 　　　　　　　　　　　　　　　图 2-51

🐾 **注意**：养成随时整理对象名称的习惯，方便后续寻找模型、调整模型以及附材质等流程的展开。

（14）新建基础几何体"圆环面"，设置"圆环半径"为30cm，"圆环分段"为60，"导管半径"为10cm，"导管分段"为30，参数如图 2-52 所示。将其适当移动并放在身体部分的合适位置，效果如图 2-53 所示。

图 2-52 　　　　　　　　　　　　　　　图 2-53

（15）新建基础几何"球体"，设置"半径"为6cm，设置"分段"为30以使球体圆滑，参数如图 2-54 所示。将其适当移动并放在"圆环面"对象的合适位置，效果如图 2-55 所示。

图 2-54 　　　　　　　　　　　　　　　图 2-55

（16）选择"头部"模型，在原位置复制、粘贴并适当放大，效果如图2-56所示。新建"布料曲面" ，把复制放大的"球体"对象放在"布料曲面"的子级，设置"布料曲面"的"厚度"为0.1cm，如图2-57所示。

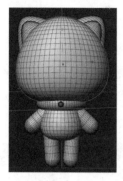

图　2-56

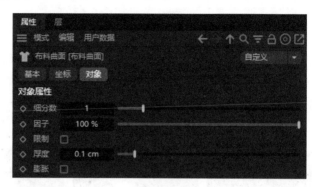

图　2-57

注意：此步骤是制作太空猫的外壳部分，"布料曲面"的"厚度"必须为非0的参数。

至此，太空猫部分完成。把所有对象全部选中后，按ALT+G组合键进行编组，并把组重命名为"太空猫"。选择"文件"→"保存项目"命令（快捷键为Ctrl+S），把文件保存在计算机的合适位置。

（17）选择"文件"→"新建项目"命令（快捷键为Ctrl+N），在新的操作界面中选择"样条画笔"工具 ，按鼠标中键切换到"正视图"中，在Y轴上绘制一条曲线，效果如图2-58所示。

火箭与太空猫
（步骤17～19）

注意："样条画笔"工具可随意绘制形状，不受参数的影响，所以"火箭"部分的建模省略了对象参数值，读者可根据形态和比例举一反三进行制作。

（18）选择"旋转"工具 ，把画出的"样条"对象放在"旋转"的子级中，效果如图2-59所示。

（19）选择"圆环面""球体""圆柱体"基础几何体，将其缩放、移动及旋转并放在合适的位置，组合成如图2-60所示的效果。

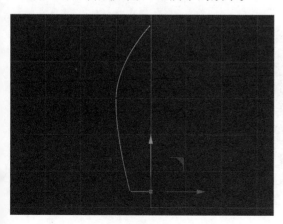

图　2-58

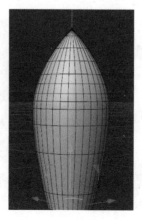

图　2-59

图　2-60

27

（20）按鼠标中键切换到"正视图"，选择"样条画笔"工具 ，在 Y 轴上绘制一条曲线，效果如图 2-61 所示。

（21）选择"挤压"工具 ，把绘制的"样条"对象放在"挤压"的子级中，并适当调节挤压的参数，效果如图 2-62 所示。

火箭与太空猫
（步骤 20 ~ 22）

（22）按 C 键，把"挤压"对象转换为可编辑对象，并在"边模式"下全部选中后，右击，选择"倒角"工具 （快捷键为 MS），适当调节"倒角"的参数，制作出如图 2-63 所示效果。用"对称"工具或复制、粘贴的办法制作出 4 个相同的模型，并适当移动到合适位置，如图 2-64 所示效果。至此火箭部分完成。把所有对象全部选中后，按 ALT+G 组合键进行编组，并把组重命名为"火箭"。

 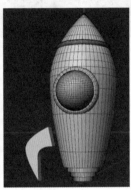  

图 2-61　　　　　图 2-62　　　　　图 2-63　　　　　图 2-64

（23）打开第 16 步的文件，把第 22 步制作的火箭部分复制、粘贴到第 16 步的文件中，并适当缩放、移动来调整位置，效果如图 2-65 所示。

注意：此部分的建模省略了对象参数值，读者可根据形态和比例举一反三进行制作。

火箭与太空猫
（步骤 23 ~ 27）

（24）用"地形"工具 新建地形，并适当缩放、移动来调整"地形"的位置。将"太空猫"与"火箭"模型进行移动并调整位置，放在"地形"上，效果如图 2-66 所示。

图 2-65　　　　　　　　　　　图 2-66

（25）接着进入渲染环节。渲染主要采用了 Arnold 基础材质、玻璃材质、金属材质、发光材质等。

（26）调整好材质效果后，在给模型赋予材质时，可以打开 Arnold →"Arnold 天空"命令，把"模式"→"主要"→"类型"切换为"物理_天空 Physical Sky"，如图 2-67 所示。

📌 **注意：** 此处设置的"物理_天空 Physical Sky"略过相关参数，只能在学习过程中作为参考，也可设置其他的天空效果。

图 2-67

（27）继续选择 Arnold →"IPR 实时预览"命令 ![IPR IPR 实时预览]，即可实时预览模型效果，如图 2-68 所示。

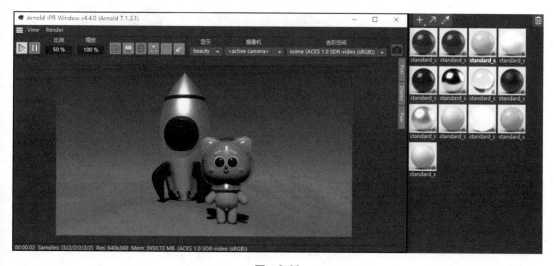

图 2-68

调整好效果后，选择"编辑渲染设置" ![图标]，打开"渲染设置"面板，设置渲染参数，并渲染出效果图，如图 2-69 所示。

3. 总结与反思

本任务主要使用了基础几何，以及"移动""缩放"和"旋转"等基础建模工具。同时还使用了"布料曲面""挤压""旋转"和"对称""转为可编辑对象""地形"等。渲染时主要采用了 Arnold 基础材质、玻璃材质、金属材质、发光材质等。

Cinema 4D 软件作为三维视觉软件工具，对于模型的精确程度要求不高，读者可根据模型的比例大小等自行设计参数，达到举一反三的目的，如图 2-70 所示。

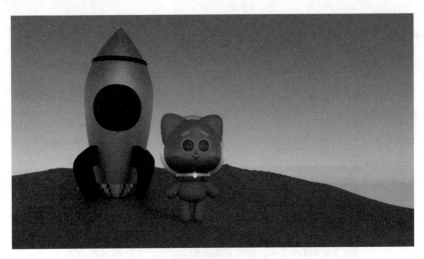

图 2-69

图 2-70

任务2.3 绿水青山

1. 知识导入

绿水青山意思是美好河山，出自宋·释普济《五灯会元》。坚持人与自然和谐共生，必须树立和践行"绿水青山就是金山银山"的理念，推进生态文明建设迈上新台阶，把绿水青山建得更美，把金山银山做得更大，让绿色成为发展最动人的色彩。

"绿水青山"政策是指中国政府在生态环境保护方面的一项重要政策。它强调保护生态环境，推动经济发展和生态环境保护相协调，实现可持续发展。

绿水青山政策的核心理念是将生态文明建设放在经济社会发展的优先位置，通过生态保护、生态修复和生态补偿等措施，保护自然资源，改善生态环境，推动经济发展的绿色转型。绿水青山政策的意义在于促进经济发展和环境保护的协调发展。它强调了可持续发展的理念,将生态文明作为发展的重要目标,推动经济转型升级,实现经济、社会和环境的协调发展。通过有效的生态环境保护和资源管理,可以提高人民群众的生活质量。本任务设计制作一个绿水青山的场景,让读者在设计制作的过程中感受绿水青山之奥妙。

本任务主要使用了基础几何,以及"移动"、"缩放"、"旋转"等基础建模工具。同时还使用了"地形"、"置换"、"融球"、"减面"等。渲染方面主要采用了 Arnold 基础材质、玻璃材质等。

绿水青山（步骤 1～4）

2. 实施步骤

（1）用"地形"工具新建地形,适当调整"地形"→"对象"中的"海平面"和"地平面"的参数,得到如图 2-71 所示的模型效果。

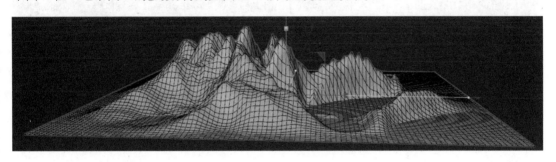

图　2-71

（2）新建一个立方体,适当修改立方体为一个扁平的形状,并匹配"地形"的模型大小,再适当地增加"立方体"在"分段 X"和"分段 Z"上的分段线,得到如图 2-72 所示的模型效果。

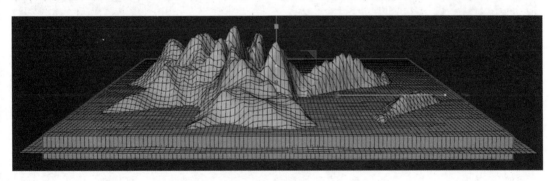

图　2-72

（3）新建"置换",并把"置换"放在"立方体"的子级中,在"着色"→"着色器"的下拉三角按钮中选择"噪波",如图 2-73 和图 2-74 所示,得到如图 2-75 所示的模型效果。

（4）新建"细分曲面",把"立方体"放在其子级中,层级关系如图 2-76 所示,得到如图 2-77 所示的模型效果。山与水的部分制作完成。选择"文件"→"保存项目"命令（快捷键为 Ctrl+S）,把文件保存在计算机合适位置。

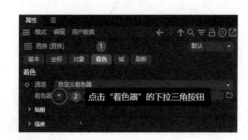

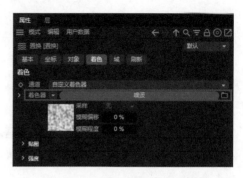

图 2-73   图 2-74

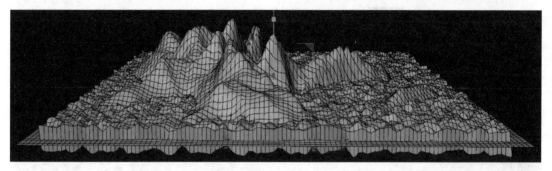

图 2-75

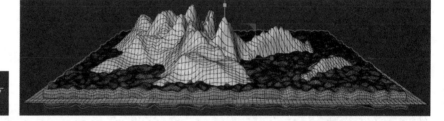

图 2-76   图 2-77

注意：若一个场景中的模型较多，可以通过拆分模型，在新界面进行建模，通过复制、粘贴的方式进行组合，最终组合为一个复杂场景的方法来制作大场景。

（5）在菜单栏中选择"文件"→"新建项目"命令（快捷键为 Ctrl+N），在新的操作界面中选择"圆锥体"与"球体"，通过复制与更改几何体大小来拼接组合为一个"树"的模型，得到如图 2-78 所示的模型效果。把基础的几何体所有对象全部选中后，按 ALT+G 组合键进行编组，并把组重命名为"树"。

绿水青山（步骤 5～6）

（6）新建"减面"，把"树"对象组放在"减面"的子级中，得到如图 2-79 所示的模型效果。把得到的模型重命名为"减面树"。

（7）复制"减面树"模型到山和水的模型场景中，适当移动位置及大小，得到如图 2-80 所示的模型效果。

绿水青山（步骤 7～9）

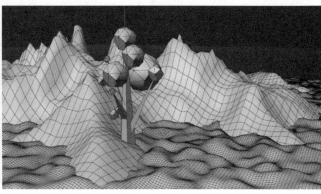

图　2-78　　　　　图　2-79　　　　　　　　　图　2-80

📑 **注意**：养成重命名模型及模型组的习惯，可以帮助我们在后续赋予物体材质时快速找到相应的模型，达到事半功倍的效果。

（8）新建"球体"并复制2个，适当移动位置及大小，得到如图2-81所示的模型效果。

（9）新建"融球"并把"球体"放在"融球"的子级中，适当修改"融球"的对象参数，得到如图2-82所示的模型效果。

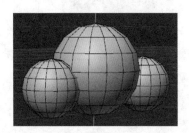
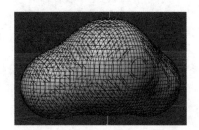

图　2-81　　　　　　　　　　　　图　2-82

（10）把"融球"组适当移动位置及大小，并适当复制"融球"组，制作出云朵的效果，得到如图2-83所示的模型效果。

绿水青山（步骤10～14）

图　2-83

（11）进入渲染环节，渲染主要采用了 Arnold 基础材质、玻璃材质等。

（12）调整好材质效果后，在给模型赋予材质时，可以打开 Arnold →"Arnold 天空"命令，把"模式"→"主要"→"类型"切换为"物理 _ 天空 Physical Sky"，如图 2-84 所示。

图　2-84

注意：此处设置的"物理 _ 天空 Physical Sky"略过相关参数，只能在学习过程中作为参考，也可设置其他的天空效果。

（13）继续选择 Arnold →"IPR 实时预览"命令 IPR IPR 实时预览 后，即可实时预览模型效果，如图 2-85 所示。

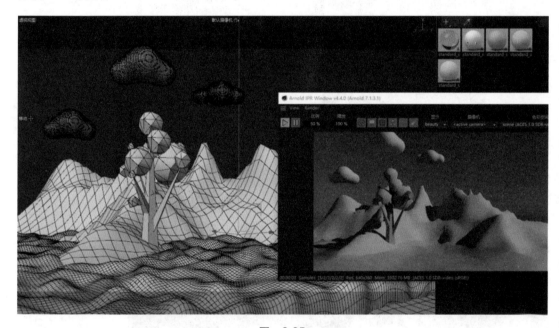

图　2-85

（14）调整好效果后，选择"编辑渲染设置" ，打开"渲染设置"面板，设置渲染参数，并渲染出效果图，如图 2-86 所示。

3. 总结与反思

在本任务中的"地形"工具较为灵活，读者设置的参数不同，最后呈现的效果也不同。任务中的效果仅供参考，读者需要掌握软件技法。读者可以通过调整材质参数与天空参数达到举一反三的效果。

图　2-86

任务 2.4　千里之行,始于足下

1. 知识导入

"千里之行,始于足下"是一个成语,最早出自春秋末期《老子》第六十四章,原指走千里远的路程,是从脚下迈第一步开始的;后多比喻做事的成功在于由小到大、由少到多地逐步积累。任何长远的目标或伟大的事业都需要从小的、简单的起步开始。

本任务主要表现"千里之行,始于足下"的三维场景,主要使用了基础几何,以及"移动""缩放"和"旋转"等基础建模工具。同时还使用了"循环切割""人形索体"等多边形建模工具。渲染方面主要采用了 Arnold 基础材质等。

2. 实施步骤

(1) 新建"人形索体",如图 2-87 所示。设置"高度"为 180cm,"分段"为 14,参数如图 2-88 所示。

(2) 新建"立方体",并设置"尺寸.X"为 15cm,"尺寸.Y"为 18cm,"尺寸.Z"为 15cm,"分段 X""分段 Y""分段 Z"均为 1,参数设置如图 2-89 所示。并把"立方体"移动至"人形索体"腿部的位置,如图 2-90 所示。

千里之行,始于足下(步骤 1 ~ 10)

(3) 选中"立方体",按 C 键转换为可编辑对象,选择"边模式",右击,选择"循环/路径切割"工具（快捷键为 KL/ML）,在适当位置进行切割,效果如图 2-91 所示。

注意:"循环/路径切割"所进行切割位置为"人形索体"脚部位置的上方,此部分的切割是为了区分出鞋子部分。可根据正视图或右视图的结构来寻找切割线,如图 2-92 所示。

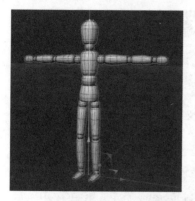

图 2-87

图 2-88

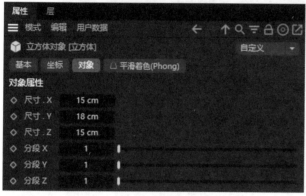

图 2-89

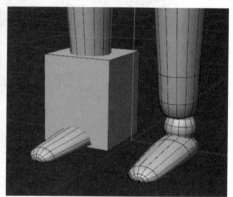

图 2-90

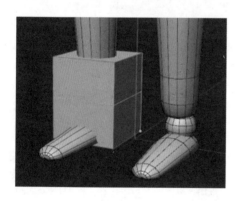

图 2-91

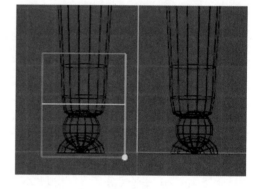

图 2-92

（4）在"面模式" 下，选择"笔刷选择"工具 ，选中"立方体"的面，按住 Ctrl 键，沿"Z 轴"进行挤出面操作，得到如图 2-93 所示的模型效果。

（5）新建"细分曲面"，把被切割的"立方体"放在"细分曲面"的子级中，得到如图 2-94 所示的模型效果，层级关系如图 2-95 所示。

⚡ **注意：** 此步骤可能会出现"穿模"情况，后续可继续进行多边形建模的方法进行调整。

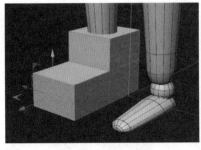
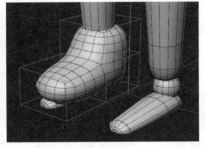

图 2-93　　　　　　　　　图 2-94　　　　　　　　　图 2-95

（6）选择"边模式" ，按快捷键 KL/ML 选择"循环 / 路径切割"工具，在适当位置进行切割，做出鞋子的效果，如图 2-96 所示。

　注意："循环 / 路径切割"工具切割的地方会根据切割的线条进行形变，读者可根据模型实时效果灵活地切割线条。

（7）新建"对称"，把"细分曲面"放在"对称"的子级中，得到如图 2-97 所示的模型效果，层级关系如图 2-98 所示。

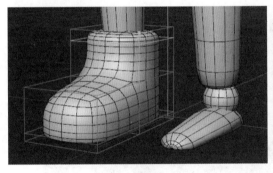
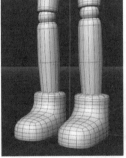

图 2-96　　　　　　　　　图 2-97　　　　　　　　　图 2-98

（8）新建基础几何体"胶囊"，并设置"半径"为 1cm，"高度"为 6cm，"高度分段"为 4，"封顶分段"为 4，"旋转分段"为 16，参数如图 2-99 所示。适当旋转放在鞋子的上方，并按住 Ctrl 键拖曳复制出另一个，制作鞋带部分，得到如图 2-100 所示效果。

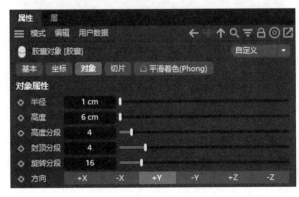
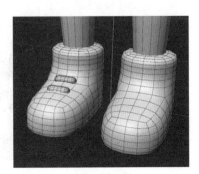

图 2-99　　　　　　　　　　　　图 2-100

（9）选中鞋带部分的所有"胶囊"后，右击并选择"链接对象＋删除"命令，把所有"胶囊"合并为一个"胶囊"对象。新建"对称"，把"胶囊"对象放在"对称"的子级中，得到如图 2-101 所示的模型效果。

（10）在对象层级中选择鞋子部分上面的面，如图 2-102 所示。右击并选择"嵌入"命令 （快捷键为 MW），在上方的面中向内挤压出结构线，再沿着 Z 轴并按住 Ctrl 键向下拖曳挤出鞋子的深度，如图 2-103 所示。

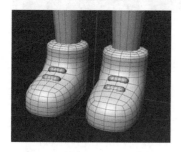

图 2-101

图 2-102

图 2-103

（11）选中"人形索体"，按 C 键转换为可编辑对象，在"人形索体"对象层级关系中找到"右小腿"的层级，按 UL 循环选择小腿部分的面，如图 2-104 所示。右击并选择"分裂"命令（快捷键为 UP），分裂出选中的面。再新建"布料曲面"，把分裂出的面放在"布料曲面"的子级中，并设置"厚度"为 1cm，参数如图 2-105 所示，得到如图 2-106 所示的模型效果。

千里之行，始于足下（步骤 11 ~ 14）

（12）新建"对称"，把"布料曲面"放在"对称"的子级中，得到如图 2-107 所示的模型效果，层级关系如图 2-108 所示。

图 2-104

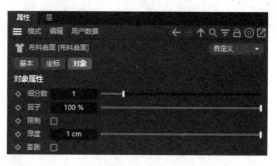

图 2-105

图 2-106

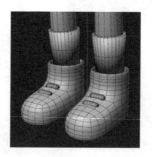

图 2-107

图 2-108

（13）新建"细分曲面"，把"对称"放在"细分曲面"的子级中，并适当地用"循环切割"调整模型形状，适当移动至合适位置，得到如图 2-109 所示的模型效果，层级关系如图 2-110 所示。

图　2-109　　　　　　　　图　2-110

（14）新建"地板" ，调整模型位置，搭建场景环境，进行渲染。渲染主要采用了 Arnold 基础材质。

（15）调整好材质效果后，在给模型附材质的时候，可以选择 Arnold →"Arnold 天空"命令，继续选择 Arnold →"IPR 实时预览"命令后，即可实时预览模型效果，如图 2-111 所示。

千里之行，始于足下（步骤15～16）

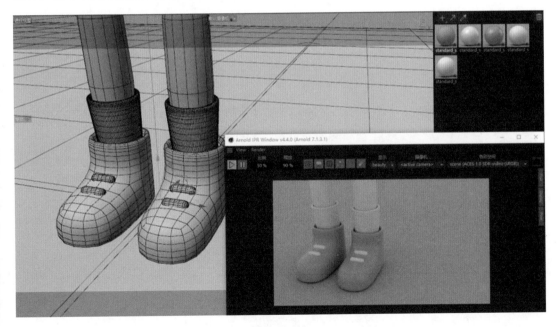

图　2-111

（16）调整好效果后，选择"编辑渲染设置"（快捷键为 Ctrl+B），打开"渲染设置"面板，设置渲染参数，并渲染出效果图，如图 2-112 所示。

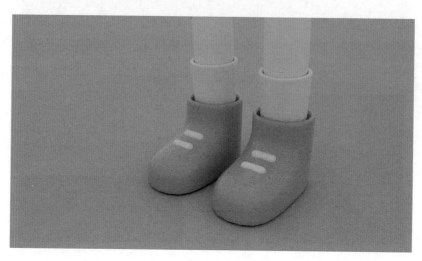

图　2-112

3. 总结与反思

本任务中的多边形建模方式较为灵活,任务中的效果仅供参考,还是需要读者掌握软件技法。可以灵活调整材质参数来达到举一反三的效果。

项目3 卡通角色设计

项目导读

卡通角色建模是一个综合性非常强的工作,除了要熟练软件操作,还需要了解形体的结构夸张、比例、动作等方面的知识。常用建模方式有多边形建模、雕刻建模＋拓扑、逐面建模。本项目主要通过卡通角色建模案例,综合使用 Cinema 4D 软件的各类建模工具,帮助读者快速、高效地创建一些简单的卡通角色模型,达到融会贯通、举一反三的技术能力。

学习目标

知 识 目 标	能 力 目 标	素 质 目 标
(1) 掌握卡通角色建模的风格和基本方法; (2) 了解卡通角色建模思路	熟练掌握 Cinema 4D 软件各种建模工具的综合运用	(1) 形成职业技能岗位意识,具有探究及创新的意识; (2) 养成严谨踏实的学习、工作作风

任务 3.1 爱心主题卡通角色设计

1. 知识导入

关于爱心主题的设计可以体现出爱、关怀、温暖和亲密等情感,以下是一些常见的爱心主题设计元素和方式。

爱心形状是最具代表性的爱心主题设计元素之一,可以作为主要图案或背景装饰。爱心可以是简单和传统的,也可以具有创意和艺术性的设计。常见的爱心主题色彩包括红色、粉红色和暖色调。这些色彩常被视为爱、浪漫和温暖的象征。根据设计需求,可以选择单色、渐变色,或与其他色彩进行组合。通过设计可爱的角色形象,例如,拟人化的动物、卡通人物等,以及将爱心元素融入其造型和表情中,传达出温暖和关爱的情感。

爱心主题表现的是一种奉献精神,更是关怀、爱护人的思想感情。爱心是一片冬日的阳光,使饥寒交迫的人感到人间的温暖;爱心是满天迷人的星星,使迷途的旅人找到家的路。在设计中爱心是经久不衰的主题。本任务围绕爱心为主题,设计制作卡通角色。

在本任务中,主要使用了基础几何,以及"移动""缩放"和"旋转"等基础建模工具,同时还使用了多边形建模的方法。渲染方面主要采用了 Arnold 基础材质、贴图材质等。

2. 实施步骤

（1）新建"立方体"，并设置"尺寸.X"为120cm，"尺寸.Y"为120cm，"尺寸.Z"为50cm，"分段X""分段Y""分段Z"均为1，参数设置如图3-1所示。按C键转换为可编辑对象，在"边模式"下，按KL键用循环切割方法在"立方体"上进行切割，如图3-2所示。

爱心主题卡通角色
设计（步骤1～3）

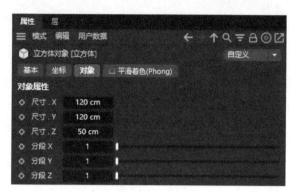

图 3-1

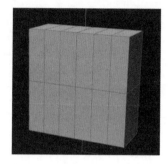

图 3-2

📖 **注意：** 当使用"循环/路径切割"工具 [循环/路径切割] 时，视图界面上方会出现如图所示的工具栏，[■]为平均分布切割，[+]为增加平均分布切割，[-]为减少平均分布切割。

（2）选中"立方体"的面，沿"Y轴"拉起，如图3-3和图3-4所示。选中"立方体"下方的面，按T键，轴外拖动鼠标缩小，如图3-5和图3-6所示。

图 3-3

图 3-4

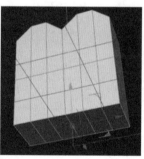

图 3-5

图 3-6

（3）新建"细分曲面"，把"立方体"放在其子级中，得到如图3-7所示效果。合理利用UL循环选择、KL循环切割及移动缩放工具调整爱心图形的整体形状，得到如图3-8所示效果。

（4）新建"立方体"，并设置"尺寸.X"为100cm，"尺寸.Y"为25cm，"尺寸.Z"为15cm，"分段X""分段Y""分段Z"均为1，参数设置如图3-9所示。按C键转换为可编辑对象，在"边模式"下，按KL键选择循环切割功能在"立方体"上进行切割，如图3-10所示。

爱心主题卡通角色
设计（步骤4～6）

图　3-7

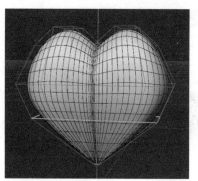

图　3-8

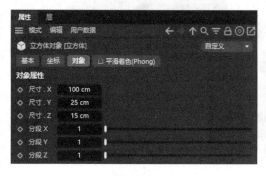

图　3-9

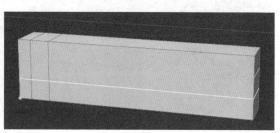

图　3-10

（5）在"面模式"下选中适合的面，按 Ctrl 键进行挤出操作，制作出手部的结构，如图 3-11 所示。新建"细分曲面"，把被切割的"立方体"放在"细分曲面"的子级中，得到如图 3-12 所示的模型效果。

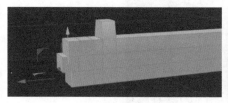

图　3-11

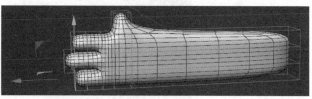

图　3-12

（6）合理利用"循环 / 循环切割""移动"及"缩放"工具调整手部的整体形状，并复制出另一侧的手部模型，放在合适位置，得到如图 3-13 所示效果。然后整理对象名称，如图 3-14 所示。

（7）用"弯曲"工具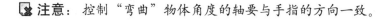新建"弯曲"物体，把"弯曲"物体放在"左手"→"立方体"的子级中，层级关系如图 3-15 所示。设置"弯曲"的"对象"→"尺寸"为 45cm、25cm、25cm，"强度"为 88°，"角度"为 -80°，如图 3-16 和图 3-17 所示。

爱心主题卡通角色
设计（步骤 7 ~ 8）

注意：控制"弯曲"物体角度的轴要与手指的方向一致。

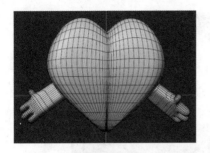

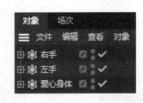

图 3-13　　　　　　　　　　　图 3-14　　　　　　　　　　　图 3-15

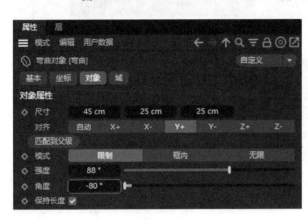

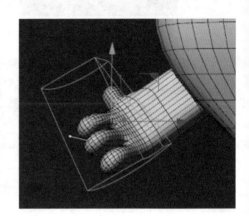

图 3-16　　　　　　　　　　　　　　　　　图 3-17

（8）复制"爱心身体"物体并缩小，然后放置在"左手"上面的合适位置，重命名为"爱心"，得到如图 3-18 所示效果。

图 3-18

（9）新建"立方体"，并设置"尺寸.X"为25cm，"尺寸.Y"为65cm，"尺寸.Z"为25cm，"分段X""分段Y""分段Z"均为1，参数设置如图 3-19 所示。并把"立方体"移动至"爱心"物体下方合适的位置，如图 3-20 所示。

爱心主题卡通角色
设计（步骤 9～15）

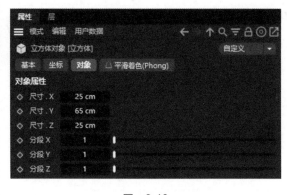

图 3-19

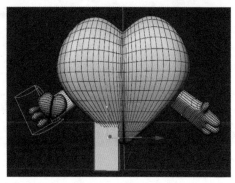

图 3-20

（10）选中"立方体"，按 C 键转换为可编辑对象，选择"边模式"，选择"循环／路径切割"工具（快捷键为 KL/ML），在适当位置进行切割，效果如图 3-21 所示。

（11）在"面模式"下选择"笔刷选择"工具，选中"立方体"的面，按住 Ctrl 键，沿"Z 轴"进行挤出面操作，得到如图 3-22 所示的模型效果。

（12）新建"细分曲面"，把被切割的"立方体"放在"细分曲面"的子级中，得到如图 3-23 所示的模型效果。

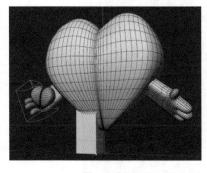

图 3-21

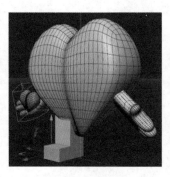

图 3-22

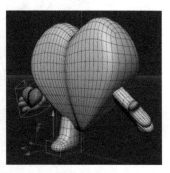

图 3-23

（13）选择"边模式"，选择"循环／路径切割"工具，在适当位置进行切割，做出鞋子的效果，如图 3-24 所示。

（14）新建"对称"对象，把"细分曲面"放在"对称"的子级中，得到如图 3-25 所示的模型效果。

（15）运用多边形建模的方法适当调整腿部的位置，得到如图 3-26 所示的模型效果。

（16）用"地板"工具 新建地板，调整模型位置，搭建场景环境，进入渲染环节。渲染主要采用了 Arnold 基础材质和贴图材质。

（17）双击 Arnold 默认材质球，打开"材质编辑器"面板，单击"打开编辑器"，如图 3-27 所示。

把素材图直接拖曳到 standard_surface 中，在 Output 右边的小圆圈上按下鼠标左键，拖曳链接到 standard_surface 中的蓝色方块区域后，选择"主要"→"基础 Base"→"颜色 Color"，得到一个带着素材样式的材质球，如图 3-28 所示。

爱心主题卡通角色设计（步骤 16～19）

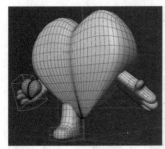
图 3-24

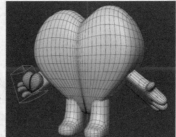
图 3-25

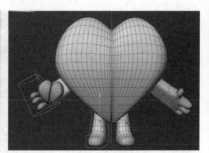
图 3-26

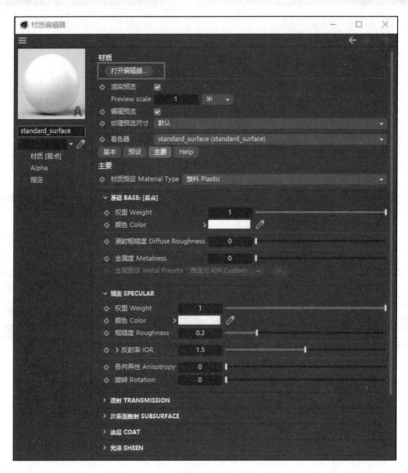
图 3-27

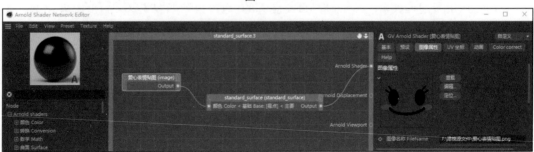
图 3-28

关闭"编辑器"面板，单击 Alpha 选项，在 Alpha 选项中，"模式"选择"材质"，把同一素材拖曳到"纹理"栏，如图 3-29 所示。这样就得到一个背景为透明的材质球。把此材质球附在"爱心身体"→"立方体"上，如图 3-30 所示。

图 3-29　　　　　　　　　　　　　　　　图 3-30

（18）选择 Arnold→"Arnold 天空"命令，继续选择"Arnold"→"IPR 实时预览"命令后，即可实时预览模型效果。选择贴图材质球，在"纹理模式" 下调整贴图的大小，设置"投射"为"平直"，取消选中"平铺"，参数设置如图 3-31 所示。在实时预览窗口观察贴图材质球位置，直至调整为合适大小，如图 3-32 所示。

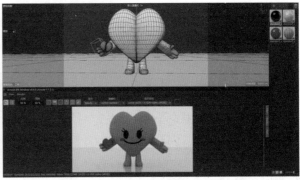

图 3-31　　　　　　　　　　　　　　　　图 3-32

（19）调整好效果后，选择"编辑渲染设置"（快捷键为 Ctrl+B），打开"渲染设置"面板，设置渲染参数，并渲染出效果图，如图 3-33 所示。

注意：此处设置的渲染参数略过相关数值，读者可根据需要自行设置渲染参数。

3. 总结与反思

在此任务中，需要注意多边形建模在一定程度上需要遵循真实结构来分布结构线，使用"弯曲"工具时注意掌握技法，达到举一反三的效果。在设计卡通角色建模时，也可通过多角度渲染来展示模型效果，如图 3-34 所示。

图 3-33

图 3-34

任务 3.2　植树节主题卡通角色设计

1. 知识导入

植树节是按照法律规定宣传保护树木，并组织动员群众积极参加以植树造林为活动内容的节日。按时间长短可分为植树日、植树周和植树月，共称为国际植树节。提倡通过这种活动，激发人们爱林造林的热情，并意识到环保的重要性。

每年 3 月 12 日是中国的植树节，植树造林，绿化祖国，改善环境，造福子孙后代。全民义务植树运动有力地推动了中国生态状况的改善。本任务以植树节为主题，设计制作卡通角色。

在本任务中，主要使用了基础几何，以及"移动""缩放"和"旋转"等基础建模工具，同时还使用了多边形建模的方法。渲染方面主要采用了 Arnold 基础材质、发光材质等。

2. 实施步骤

（1）新建"圆柱体"并设置"半径"为 50cm，"高度"为 90cm，"高度分段"为 1，"旋转分段"为 70，参数设置如图 3-35 所示。按 C 键转换为可编辑对象，在"边模式"下，选择"循环切割"工具，在"圆柱体"上进行切割，如图 3-36 所示。

植树节主题卡通角色设计（步骤 1～3）

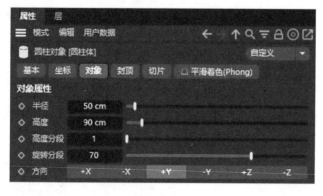

图 3-35

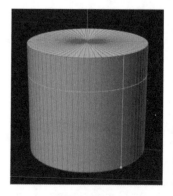

图 3-36

（2）选中"圆柱体"底面的面并适当缩小，如图 3-37 所示。按 UL 键选择"循环"工具，选中上方环形的面，按 D 键进行挤压操作，得到如图 3-38 所示效果。继续选中"圆柱体"上方的面，按 Ctrl 键并沿 Y 轴拖动鼠标向下挤压，得到如图 3-39 所示效果。

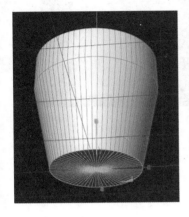  

图　3-37　　　　　　　　　　图　3-38　　　　　　　　　　图　3-39

（3）在"边模式"下，按 UL 键选择"循环"工具，选中圆柱体的一条边，右击并选择"倒角" 倒角（快捷键为 MS），对圆柱体进行倒角操作，如图 3-40 所示。同理，把圆柱体所有转折的边都进行"倒角"操作，如图 3-41 所示。花盆部分制作完成，把圆柱体对象重命名为"花盆"。

📝 注意：此部分倒角参数中，"偏移"为 2cm，"细分"为 6，参数设置如图 3-42 所示。此参数仅供读者参考，具体数值可根据模型效果灵活修改。

  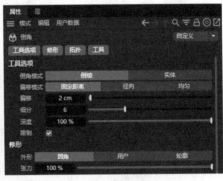

图　3-40　　　　　　　　　　图　3-41　　　　　　　　　　图　3-42

（4）新建"立方体"，并设置"尺寸.X"为 30cm，"尺寸.Y"为 35cm，"尺寸.Z"为 15cm，"分段 X""分段 Y""分段 Z"均为 1，参数设置如图 3-43 所示。按 C 键转换为可编辑对象，在"边模式"下，按 KL 键选择"循环切割"工具，在"立方体"上进行切割，如图 3-44 所示。

植树节主题卡通角色设计(步骤 4 ~ 6)

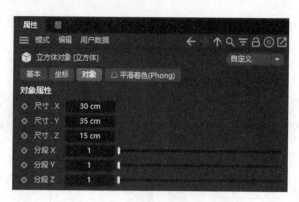

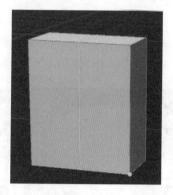

图 3-43　　　　　　　　　　　　　　　　　　图 3-44

（5）把立方体上方及下方切割出来的线条上下拉出，得到如图 3-45 所示模型效果。新建"细分曲面"，把立方体放在其子级中，得到如图 3-46 所示效果。合理利用"循环选择""循环切割""移动""缩放"工具调整模型整体形状，得到如图 3-47 所示效果。

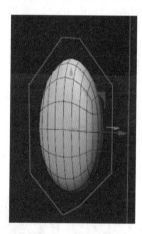

图 3-45　　　　　　　　图 3-46　　　　　　　　图 3-47

（6）新建"对称"对象，把"细分曲面"放在"对称"对象的子级中，得到如图 3-48 所示的模型效果，层级关系如图 3-49 所示。把"对称"对象重命名为"叶子"。

图 3-48　　　　　　　　　　　　　　　图 3-49

（7）新建基础几何体"胶囊"，并设置"半径"为9cm，"高度"为
65cm，"高度分段"为4，"封顶分段"为15，"旋转分段"为30，参数如图3-50
所示。适当放在"花盆"的一侧，并用"对称"工具制作出另一个，使其成
为如图3-51所示效果。

植树节主题卡通角
色设计（步骤7～8）

（8）新建基础几何"球体"，并设置"半径"为9cm，"分段"为30以
使球体圆滑，参数如图3-52所示。按C键转换为可编辑对象，适当压扁"球
体"，并放在"花盆"的合适位置。使用"对称"工具制作出另一个，效果如图3-53所示。

图 3-50

图 3-51

图 3-52

图 3-53

注意：可以用同样的办法制作出腮红部分，效果如图3-54所示。

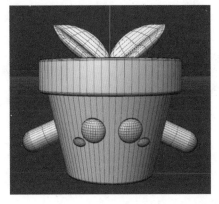

图 3-54

（9）新建"弧线"，并设置"类型"为"圆弧"，"半径"为20cm，"开始角度"为0°，"结束角度"为90°，参数设置如图3-55所示。适当移动"弧线"至合适位置，效果如图3-56所示。

（10）新建"圆环"物体，并设置"半径"为2cm，参数设置如图3-57所示。新建"扫描"对象，把圆环和弧线放在"扫描"对象的子级中，层级关系如图3-58所示，得到如图3-59所示效果。

植树节主题卡通角色设计（步骤9～18）

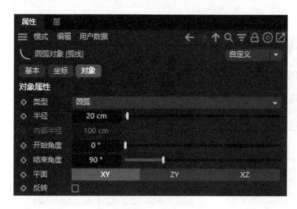

图 3-55

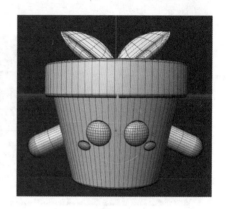

图 3-56

图 3-57

图 3-58

图 3-59

注意： 圆环和弧线的层级关系必须按照圆环在上、弧线在下的顺序放置在"扫描"对象的子级中。

（11）设置"扫描"参数的"封盖"→"尺寸"为4cm，"分段"为10，参数设置如图3-60所示，得到如图3-61所示效果。

注意： 此步骤是为了让"扫描"出的模型封盖圆滑。

（12）新建"立方体"，并设置"尺寸.X"为19cm，"尺寸.Y"为19cm，"尺寸.Z"为50cm，"分段X""分段Y""分段Z"均为1，参数设置如图3-62所示。并把"立方体"移动至花盆下方合适的位置，如图3-63所示。

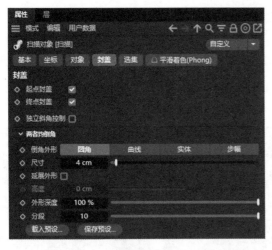

图　3-60

图　3-61

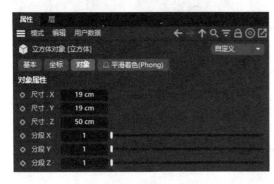

图　3-62

图　3-63

（13）选中立方体，按 C 键转换为可编辑对象，选择"边模式"，选择"循环/路径切割"工具（快捷键为 KL/ML），在适当位置进行切割，效果如图 3-64 所示。

（14）在"面模式"下，选择"笔刷选择"工具，选中立方体的面，按住 Ctrl 键，沿 Z 轴执行挤出面操作，得到如图 3-65 所示的模型效果。

（15）新建"细分曲面"，把被切割的"立方体"放在"细分曲面"的子级中，得到如图 3-66 所示的模型效果。

图　3-64

图　3-65

图　3-66

（16）选择"边模式"，按快捷键 KL 或 ML 打开"循环 / 路径切割"工具，在适当位置进行切割，做出腿部的效果，如图 3-67 所示。

（17）新建"对称"对象，把"细分曲面"放在"对称"对象的子级中，得到如图 3-68 所示的模型效果。

（18）运用多边形建模的方法适当调整腿部的位置，得到如图 3-69 所示的模型效果。

图 3-67　　　　　　　　图 3-68　　　　　　　　图 3-69

（19）新建圆柱体，并设置"半径"为2cm，"高度"为130cm，"高度分段"为4，"旋转分段"为16，参数设置如图 3-70 所示。放在手部位置，用"对称"工具制作出另外一侧，如图 3-71 所示。

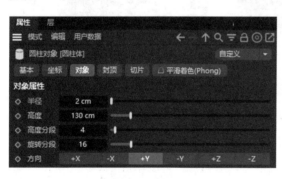

植树节主题卡通角色设计（步骤 19 ~ 22）

图 3-70　　　　　　　　　　图 3-71

（20）新建矩形，并设置"宽度"为170cm，"高度"为28cm，参数设置如图 3-72 所示，模型效果如图 3-73 所示。

图 3-72　　　　　　　　图 3-73

（21）选中矩形，按 C 键转换为可编辑对象。选择"点模式"，把矩形的点移动至圆柱体上，模型效果如图 3-74 所示。

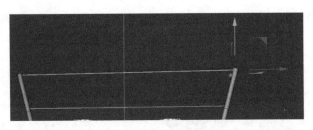

图 3-74

（22）选择"挤压"工具，把矩形放在"挤压"对象的子级中，并适当调节挤压，参数如图 3-75 所示，效果如图 3-76 所示。

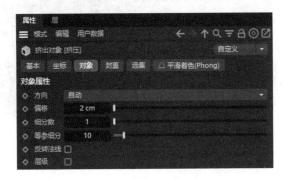

图 3-75

图 3-76

（23）新建文本，在"对象"中设置"深度"为 3cm；"文本样条"中输入文案，设置"高度"为 18cm，参数设置如图 3-77 所示，模型效果如图 3-78 所示。

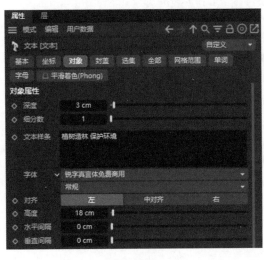

图 3-77

图 3-78

植树节主题卡通角色设计（步骤23）

（24）新建"地板"，调整模型位置，搭建场景环境，进入渲染环节。渲染主要采用了 Arnold 基础材质和发光材质。

（25）调整好材质效果后，在给模型赋予材质时，可以选择 Arnold → "Arnold 天空"命令，继续选择"Arnold"→"IPR实时预览"命令后，即可实时预览模型效果，如图3-79所示。

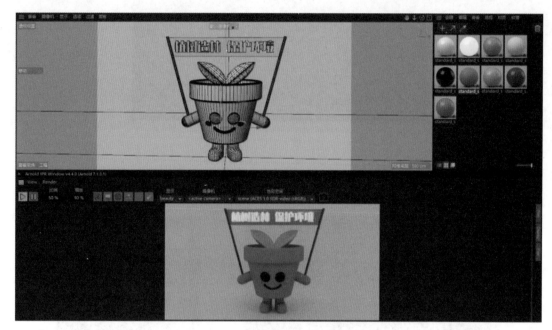

图　3-79

（26）调整好效果后，选择"编辑渲染设置"（快捷键为 Ctrl+B），打开"渲染设置"面板，设置渲染参数，并渲染出效果图，如图 3-80 所示。

图　3-80

植树节主题卡通角色
设计（步骤24 ~ 26）

3. 总结与反思

在本任务中，多边形建模部分重点考查了对于植物叶子的形体把握，以及样条类工具和"文本"工具的使用，在实际操作的过程中还需要举一反三，才能掌握软件技法。例如"文本"工具可以通过修改"文本样条"中的文案来达到不同的宣传主题，如图 3-81 所示。

图 3-81

任务 3.3 国宝主题卡通角色设计

1. 知识导入

大熊猫已在地球上生存了至少 800 万年,被誉为"活化石"和"中国国宝"即国兽。世界自然基金会的形象大使是世界生物多样性保护的旗舰物种。大熊猫是中国特有物种,主要栖息地是中国四川、陕西和甘肃的山区。

中国人对熊猫的认识由来已久,早在文字产生初期就记载了熊猫的各种称谓。《书经》称貔,《峨眉山志》称貔貅等。本任务以"国宝"为主题,设计制作大熊猫卡通角色。

本任务主要使用了基础几何,以及"移动""缩放"和"旋转"等基础建模工具,同时还使用了多边形建模的方法。渲染主要采用了 Arnold 基础材质等。

2. 实施步骤

(1)新建基础几何"球体",并设置"半径"为 60cm,"分段"为 60 以使球体圆滑,参数如图 3-82 所示。

国宝主题卡通角色
设计(步骤 1～5)

图 3-82

(2)选中"球体",按 C 键转换为可编辑对象。选择"点模式" ◉,右击,选择"笔刷"

工具 ✎ 笔刷（快捷键为MC），并设置"尺寸"为100cm，"强度"为50% 如图3-83 所示。全部选中"球体"的点，在"球体"上拉动点，使球体变成一个不规则球体的形状，如图3-84所示。

图　3-83

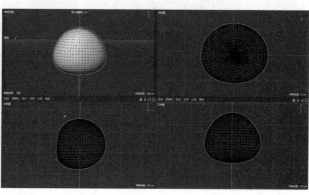

图　3-84

（3）新建基础几何"球体"，并设置"半径"为38cm，"分段"为50 以使球体圆滑。参数如图3-85 所示。选中球体，按 C 键转换为可编辑对象，选中球体并按 T 键，适当压扁球体，如图3-86 所示。

图　3-85

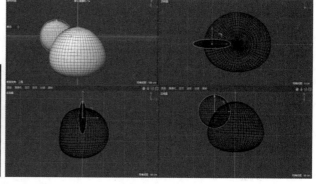

图　3-86

（4）新建"对称"对象，把球体放在"对称"对象的子级中，得到如图3-87 所示的模型效果。

（5）用"球体""对称"和"笔刷"工具制作出大熊猫的眼睛及细节部分，得到如图3-88所示的模型效果。

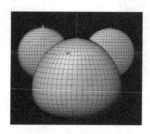

图　3-87

图　3-88

（6）新建"样条"，并设置"类型"为"贝塞尔"，参数设置如图3-89所示。适当移动"样条"至合适位置，效果如图3-90所示。

（7）新建"圆环"，并设置"半径"为2cm，参数设置如图3-91所示。新建"扫描"对象，把"圆环"和"样条"放在"扫描"对象的子级中，得到如图3-92所示效果。

国宝主题卡通角色设计（步骤6～8）

图 3-89

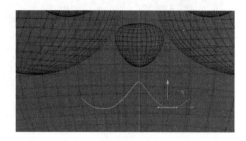

图 3-90

图 3-91

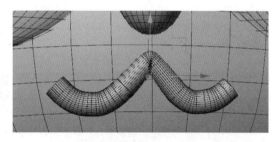

图 3-92

📎**注意**："圆环"和"样条"的层级关系必须按照"圆环"在上及"弧线"在下的顺序放置在"扫描"对象的子级中。

（8）设置"扫描"参数的"封盖"→"尺寸"为4cm，"分段"为10，参数设置如图3-93所示，适当调整模型位置，得到如图3-94所示效果。

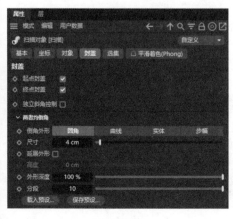

图 3-93

图 3-94

📝 **注意：** 此步骤是为了让"扫描"出的模型封盖圆滑。

（9）新建基础几何"球体"，并设置"半径"为36cm，"分段"为35，以使球体圆滑，参数如图3-95所示。

国宝主题卡通角色
设计（步骤9～14）

图 3-95

（10）选中"球体"，按C键转换为可编辑对象，选择"点模式" ⊙。按MC键切换为"笔刷"工具，并设置"尺寸"为50cm，"强度"为50%，如图3-96所示。全部选中"球体"的点，在"球体"上拉动点，使球体变成一个不规则球体的形状，如图3-97所示。

（11）切换到右视图中，选择"样条画笔"工具，在熊猫的身体部分绘制三个点，如图3-98所示。

图 3-96　　　　　　　　图 3-97　　　　　　　　图 3-98

（12）新建圆环，并设置"半径"为14cm，参数设置如图3-99所示。新建"扫描"对象，把圆环和样条放在"扫描"对象的子级中，得到如图3-100所示效果。

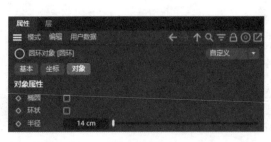
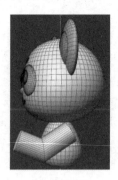

图 3-99　　　　　　　　图 3-100

（13）设置"样条"→"属性"→"对象"→"类型"→"B-样条"参数如图 3-101 所示。设置"扫描对象"→"封盖"→"尺寸"为 16cm，"分段"为 15，参数设置如图 3-102 所示，得到如图 3-103 所示效果。

设置"扫描对象"→"对象"→"细节"→"缩放"为 0.6，参数设置如图 3-104 所示，得到如图 3-105 所示效果。

图 3-101   图 3-102

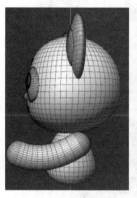
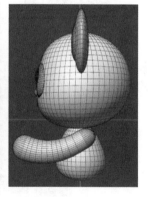

图 3-103   图 3-104   图 3-105

（14）调整样条的点至合适位置，得到如图 3-106 所示效果。用复制等方法制作出四肢，得到如图 3-107 所示效果。

（15）在菜单栏中选择"文件"→"新建项目"命令（快捷键为 Ctrl+N），在新的操作界面中选择圆柱体，并设置"半径"为 1.2cm，"高度"为 60cm，"高度分段"为 50，"旋转分段"为 16，参数设置如图 3-108 所示，得到如图 3-109 所示效果。

（16）新建球体，并设置"半径"为 3cm，"分段"为 30 以使球体圆滑。参数设置如图 3-110 所示，得到如图 3-111 所示效果。

国宝主题卡通角色设计（步骤 15～17）

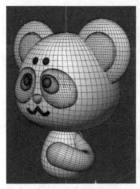
图 3-106

图 3-107

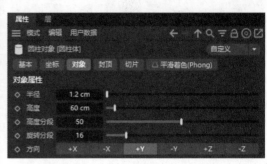
图 3-108

图 3-109

图 3-110

图 3-111

（17）新建球体，并设置"半径"为5cm，"分段"为30，以使球体圆滑，参数设置如图 3-112 所示。按 C 键转换为可编辑对象，适当地压扁球体，得到如图 3-113 所示效果。

图 3-112

图 3-113

（18）用"克隆"工具 ⚙ 新建"克隆"对象，把球体放在"克隆"对象的子级，并设置"克隆"对象的"对象属性"→"模式"为"放射"，"数量"为5，"半径"为7cm，参数设置如图 3-114 所示，得到如图 3-115 所示效果。

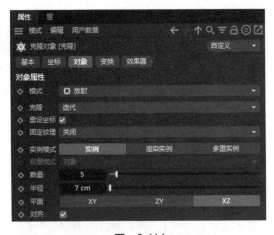

图 3-114

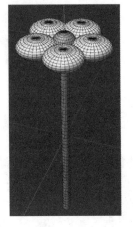

图 3-115

国宝主题卡通角色设计（步骤 18 ~ 20）

（19）全部选中对象中的元件并按 Alt+G 组合键进行编组,再重命名为"花朵"。用"弯曲"工具创建弯曲对象,把"弯曲"对象放在"花朵"的子级中,并设置"弯曲对象"→"尺寸"为 35cm、35cm、35cm,单击"匹配到父级","强度"为 74°,并勾选"保持长度"选项,参数设置如图 3-116 所示,得到如图 3-117 所示效果。

（20）复制"花朵"模型到国宝的模型场景中,适当移动位置及大小,得到如图 3-118 所示的模型效果。

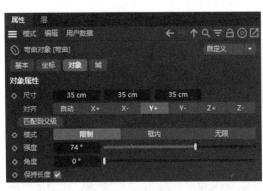

图 3-116

图 3-117

图 3-118

国宝主题卡通角色设计（步骤 21 ~ 22）

（21）新建"地板",调整模型位置,搭建场景环境,进入渲染环节。渲染主要采用了 Arnold 基础材质。

调整好材质效果后,在给模型赋予材质的时候,可以选择 Arnold →"Arnold 天空"命令,继续选择"Arnold"→"IPR 实时预览"命令后,即可实时预览模型效果,如图 3-119 所示。

（22）调整好效果后,选择"编辑渲染设置"（快捷键为 Ctrl+B）,打开"渲染设置"面板,设置渲染参数,并渲染出效果图,如图 3-120 所示。

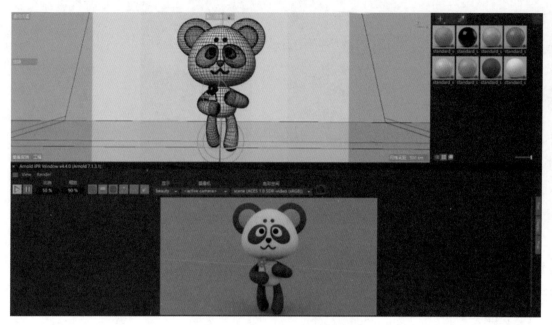

图 3-119

3. 总结与反思

本任务考查了对于大熊猫形体的把握，并学习了"克隆"工具以及"扫描"工具的综合应用，在实际操作的过程中还需注意举一反三，掌握软件技法，根据模型的比例大小等自行设计参数，来达到举一反三进行原创作品的目的，如图 3-121 所示。

图 3-120

图 3-121

项目4　虚拟数字人中国娃娃

🖳 项目导读

随着元宇宙概念的逐步流行，作为基础建设元素的虚拟数字人出现了井喷式的爆发。从广义上讲，任何以虚拟数字形式存在且具有与人的外观和行为相似的数字化资产都可划为数字人范畴。

虚拟数字人是指基于计算机技术和人工智能的虚拟实体，具有一定的智能和行为能力。虚拟数字人通常是通过复杂的算法和模型来模拟人类的认知、情感和行为，使其能够在虚拟环境中与人类进行交互和沟通。虚拟数字人可以具有各种形式和应用，包括虚拟助手、虚拟角色、虚拟代理人等。它们可以在计算机程序、虚拟现实和增强现实环境中出现，并且能够与用户进行语音、文字或视觉交互。其发展和应用领域非常广泛，它们可以用于虚拟现实游戏、教育培训、医疗健康、客户服务、智能助理等领域。通过虚拟数字人，用户可以与计算机系统更自然地进行交互，获得更个性化和智能化的服务和支持。

需要注意的是，虚拟数字人只是一种模拟人类行为和智能的技术实现，虽然在某些方面可能具有一定的智能和情感表达能力，但它们并不具备真正的意识和自我意识。

虚拟数字人从美术风格上可以分为 3D 高保真、3D 写实、3D 卡通、2D 真人、2D 卡通等，从元宇宙的应用场景考虑，目前主流的数字虚拟人以三维为主要表现风格。伴随元宇宙概念的流行，相信虚拟数字人的制作成本将进一步降低，从而使虚拟数字人的制作成为新数字时代公民的基础技能。

本项目主要通过虚拟数字人中国娃娃的制作，让读者能够熟练地综合运用 Cinema 4D 软件的各类建模工具，并通过发散思维创建形态丰富的三维模型。

🖳 学习目标

知 识 目 标	能 力 目 标	素 质 目 标
(1) 掌握复杂模型的建模思路与方法； (2) 了解数字虚拟人物的创建流程	(1) 熟练掌握 Cinema 4D 建模工具的综合运用； (2) 能够运用 Mixamo 进行骨骼绑定及动画渲染	(1) 形成职业技能岗位意识，具有探究及创新的意识； (2) 养成严谨踏实的学习、工作作风

任务 4.1　中国娃娃头部建模

1.　知识导入

设计和制作虚拟数字人需要综合运用计算机图形学、计算机视觉、人工智能和动画技术等多个领域的知识和工具。以下是一般的设计和制作虚拟数字人的基本步骤。

定义需求和目标：确定虚拟数字人的用途、功能和特点。这包括确定虚拟数字人的外观、行为、智能程度和与用户的交互方式等方面。

建立虚拟人模型：使用计算机图形学和建模工具创建虚拟人的三维模型。这包括设计虚拟人的外貌、身体结构和动作姿势等。

添加细节和纹理：为虚拟人模型添加细节和纹理，使其外观更加逼真。这可以通过绘制纹理贴图、添加光照效果和细致的雕刻等方式实现。

动画和运动捕捉：使用动画技术为虚拟人模型添加动作和行为。这可以通过手动制作动画关键帧，或者使用运动捕捉技术来记录真实人体动作并应用到虚拟人模型上。

人工智能和行为模拟：为虚拟人设计智能和行为模拟算法，使其能够自主决策并与用户交互。这包括语音识别、情感模拟、对话生成等技术的应用。

用户界面和交互设计：设计虚拟人与用户之间的交互方式，包括语音识别、手势控制、触摸屏界面等，确保用户能够方便地与虚拟人进行沟通和操作。

测试和优化：对虚拟数字人进行测试和优化，修复可能存在的错误和问题。这包括模型的渲染性能、动作流畅度、语音识别准确性等方面的优化。

部署和应用：将设计制作完成的虚拟数字人部署到目标平台或应用中，例如游戏、教育软件、客户服务系统等。

设计和制作虚拟数字人是一项复杂的任务，需要深厚的专业知识和技术，并且可能需要与多个领域的专家合作。对于初学者来说，建议学习相关的计算机图形学、动画和人工智能领域的基础知识，并逐步积累实践经验。

中国风，即中国风格，是建立在中国传统文化的基础上，蕴含大量中国元素并适应全球流行趋势的艺术形式或生活方式。在本项目中将融入中国传统风格及元素进行中国娃娃虚拟数字人的头部建模步骤。

2.　实施步骤

（1）新建基础几何球体，并设置"类型"为"六面体"，"分段"为18。适当缩小后，按 C 键转换为可编辑对象，在"点模式"中用"框选"工具框选住一半的点并删掉，新建"对称"对象，把模型放在"对称"对象的子级中，得到如图 4-1 所示的模型效果。

中国娃娃头部建模（步骤 1 ～ 2）

📖 注意：　本案例涉及的参数值除了明确标出的，其他参数值可根据实际制作效果举一反三。

（2）按鼠标中键切换到"右视图"，选择"点模式"，右击，选择"笔刷"工具（快捷键为MC），并适当设置"笔刷"工具的参数值。全部选中球体的点，在球体上拉动点，使球体变成一个不规则的形状，如图4-2所示。

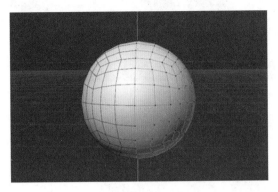

图　4-1

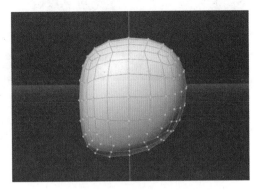

图　4-2

📋 **注意：** 在"正视图"中用"笔刷"工具拉动点时，"笔刷"工具的范围一定不要碰到"Y轴"，如图4-3所示。

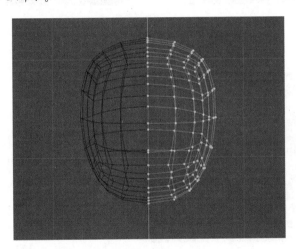

图　4-3

（3）在"透视视图"中选择合适的点，执行"滑动"操作（快捷键为MO），制作出眼睛的结构线，得到如图4-4所示的模型效果。

（4）在眼睛的结构线上合适的位置，使用"线性切割"（快捷键为KK）制作出需要的结构线，并适当用"滑动"工具调节点的位置，得到如图4-5所示的模型效果。

中国娃娃头部建模（步骤3～6）

（5）选择眼睛的结构面，执行"嵌入"操作（快捷键为MW），制作出眼睛的细节部分，得到如图4-6所示的模型效果。

（6）新建"细分曲面"，把带有"对称"效果的"球体"放在其子级中，层级关系如图4-7所示。适当调节眼睛部位的点，调整眼部的形状，得到如图4-8所示的模型效果。

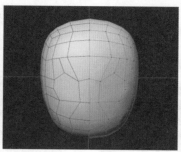

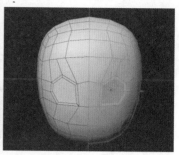

图 4-4　　　　　　　　　图 4-5　　　　　　　　　图 4-6

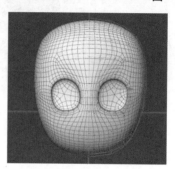

图 4-7　　　　　　　　　　　图 4-8

（7）用同样的办法制作出嘴巴的部分，得到如图4-9所示的模型效果。

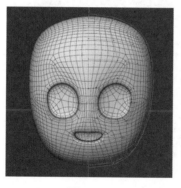

中国娃娃头部建
模（步骤7）

图 4-9

注意：在"对称"命令下若出现间隔面，则"细分曲面"就会出现如图4-10所示的模型效果，纠正的方法是只要删掉相近的间隔面即可，如图4-11所示。

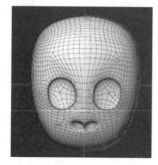

图 4-10　　　　　　　　　　　　　　图 4-11

（8）新建基础几何球体，并适当设置参数使得球体圆滑，再沿 Y 轴旋转 $90°$。适当缩小球体后，按 C 键转换为可编辑对象，并沿 Y 轴压扁，放在眼眶里，选择"对称"工具，制作出眼球部分，得到如图 4-12 所示的模型效果。

（9）按 C 键，把头部的"细分曲面"转换为可编辑对象，如图 4-13 所示。

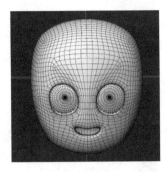

图　4-12

图　4-13

中国娃娃头部建模（步骤 8～11）

（10）在"边模式"下选择上眼眶部分的边，右击并选择"提取样条"命令，把选中的边提取出来。层级效果如图 4-14 所示。

注意：　当有其他模型遮挡视线时，可以选择"视窗独显"，把要编辑的模型单独显示出来。

（11）新建"挤压"对象，把提取出的样条放在其子级下，层级如图 4-15 所示。

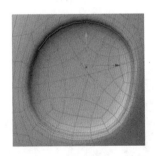

图　4-14

图　4-15

（12）按 C 键，把"挤压"对象转换为可编辑对象。选中最外侧的边，并按住 Ctrl 键挤压出睫毛部分的面，适当调整点的位置，制作出睫毛的部分，得到如图 4-16 所示的模型效果。新建"对称"对象，把睫毛部分放在"对称"对象的子级中，得到如图 4-17 所示的模型效果。

中国娃娃头部建模（步骤 12～13）

用同样的方法制作出下睫毛部分，得到如图 4-18 所示的模型效果。

注意：　适当开启或关闭"视窗独显"来观察并调整模型效果。

（13）按 C 键，把"球体"转换为可编辑对象并适当调整位置及大小，制作出腮红和舌头等细节部分，得到如图 4-19 所示的模型效果。

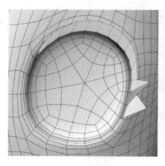
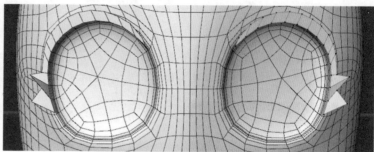

图 4-16　　　　　　　　　　　　图 4-17

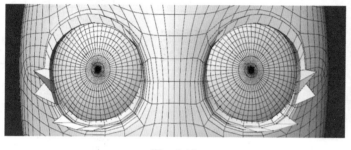
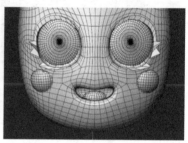

图 4-18　　　　　　　　　　　　图 4-19

（14）按鼠标中键切换至正视图中，选择"样条画笔"工具，绘制出眉毛部分的样条，如图 4-20 所示，选择"挤压"对象，把绘制出的样条放在其子级下，并适当调整"挤压"对象的参数值和位置。新建"对称"对象，把"挤压"对象放在"对称"对象的子级中，得到如图 4-21 所示的模型效果，制作出眉毛部分。

中国娃娃头部建模（步骤 14）

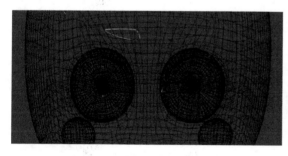
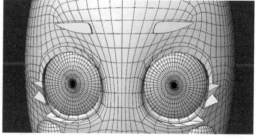

图 4-20　　　　　　　　　　　　图 4-21

（15）把发型素材适当调整位置及大小，放在头部的合适位置，得到如图 4-22 所示的模型效果。

（16）新建立方体，适当改变立方体为一个扁平的形状，并按 C 键将其转换为可编辑对象。在边模式中，选择"循环切割"工具，选择合适的边并适当拖曳出耳朵部分的基本结构，得到如图 4-23 所示的模型效果。

中国娃娃头部建模（步骤 15～19）

（17）选中合适的面，右击并选择"嵌入"命令（快捷键为 MW），在面中向内挤压出结构线，再沿着 Z 轴，按住 Ctrl 键拖曳并挤出耳朵的深度，如图 4-24 所示。

图 4-22

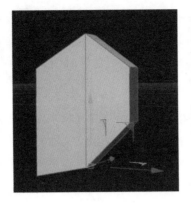

图 4-23

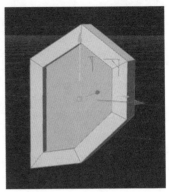

图 4-24

（18）新建"细分曲面"，把"立方体"放在其子级中，得到如图 4-25 所示的模型效果。新建"对称"对象，把"细分曲面"放在"对称"对象的子级中，耳朵部分制作完成。

（19）可以适当增加人物头部的中国风元素，本案中加入的是项目 2 的任务 2.1 中的中国玉兔来增加人物头部的细节，如图 4-26 所示，人物头部制作完成。

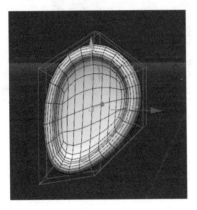

图 4-25

图 4-26

3. 总结与反思

本任务考查了对于人物头部形体的把握，需要灵活运用多边形建模技巧。关于人物的结构比例还需要在平时练习中多多积累。人物头部的简单布线没有很固定的格式要求，可根据脸部肌肉走向进行布线。

任务 4.2　中国娃娃身体建模

1. 知识导入

身体的建模以体现体块结构为主，往往多边形建模的效率更高。在建模开始之前，我们需要了解一个好的角色模型有哪些特性。

造型的准确性直接决定了角色的形象，三视图为角色建模提供了最直观的参考，因此显得尤为重要。合理的网格布线不仅需要准确体现造型，也需要考虑后续网格动画的形变，尽可能使用四边面搭建模型。无论是多边形建模还是次世代建模，最终到引擎里面都是低模，考虑到性能问题，需要让模型的网格在满足造型的前提下尽可能精简面数。

2. 实施步骤

（1）新建基础几何立方体，并按 C 键将其转换为可编辑对象。选择立方体上方的面，执行"嵌入"命令（快捷键为 MW）如图 4-27 所示，并适当调整为正方形的轮廓，如图 4-28 所示。选择这个正方形的轮廓面，再拉出如图 4-29 所示效果，并按住 Ctrl 键挤压出"脖子"部分，如图 4-30 所示。

中国娃娃身体建模（步骤 1～3）

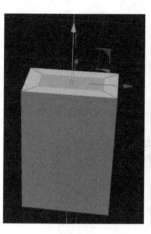

| 图 4-27 | 图 4-28 | 图 4-29 | 图 4-30 |

（2）在"边模式"下选择"循环切割"工具，在中间切出一条线，并删掉一半，如图 4-31 所示。新建"对称"对象，把模型放在"对称"对象的子级中，得到如图 4-32 所示的模型效果。用步骤（1）同样的方法制作出手臂的部分，得到如图 4-33 所示的模型效果。

（3）选择模型下方的面并按住 Ctrl 键挤压出"腿"的部分，如图 4-34 所示。

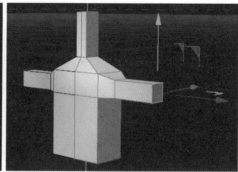
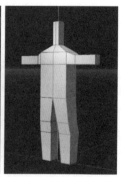

| 图 4-31 | 图 4-32 | 图 4-33 | 图 4-34 |

（4）新建基础几何立方体，适当调整立方体的基础形态，使其变成如图 4-35 所示形状。按 C 键将其转换为可编辑对象，在"边模式"下选择"循环切割"工具，在立方体上进行切割，如图 4-36 所示。

图　4-35

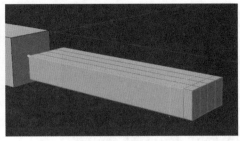

图　4-36

中国娃娃身体建模（步骤4～8）

（5）在"面模式"下选中适合的面，按 Ctrl 键进行挤出操作，制作出手部的结构，如图 4-37 所示。选择"手部"部分，按 MN 键，消除工具整理线部分，如图 4-38 所示。

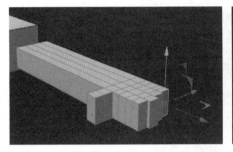

图　4-37

图　4-38

（6）新建"对称"对象，把模型放在"对称"对象的子级中，得到如图 4-39 所示的模型效果。

（7）选择"手臂"部分的点进行缝合操作，得到如图 4-40 所示的模型效果。

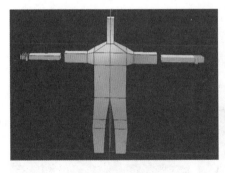

图　4-39

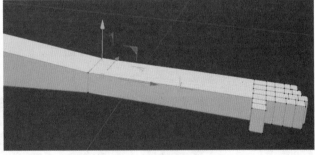

图　4-40

（8）新建"细分曲面"，把"身体"和"手臂"部分编组后放在其子级中，层级关系如图 4-41 所示，得到如图 4-42 所示的模型效果。

📑 **注意**：　在此步骤中可以通过在"边模式"下选择"循环切割"工具进行卡线，并调整线的结构来调整身体效果，得到如图 4-43 所示的模型效果。

（9）鞋子部分可参考项目 2 的任务 2.4 中的步骤，制作如图 4-44 所示的模型效果。

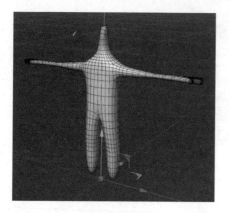

图 4-41

图 4-42

图 4-43

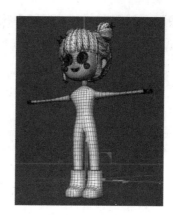

中国娃娃身体建
模（步骤 9 ~ 11）

图 4-44

（10）选中"身体"部分，并按 C 键转换为可编辑对象，在"面模式"下，选择合适的面，
右击并选择"分裂"命令（快捷键为 Up），分裂出选中的面，制作如图 4-45 所示的模型效果。
再新建"布料曲面"，把分裂出的面放在"布料曲面"的子级中，并设置"厚度"为 2cm，得
到如图 4-46 所示的模型效果。新建"细分曲面"，把"上衣"部分放在其子级中，得到如图 4-47
所示的模型效果。

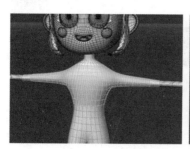

图 4-45

图 4-46

图 4-47

（11）用同样的方法可制作出短裤部分，得到如图 4-48 所示的模型效果。至此，中国娃
娃建模部分完成，可根据情况适当增加人物的装饰等。

图　4-48

3. 总结与反思

本任务考查了对于人物身体部分形体的把握,需要灵活运用多边形建模技巧。关于人物的结构比例还需要在平时练习中多加积累。本任务中介绍的身体建模方法是较为简单的方法,追求更高难度的身体部分建模还可以通过雕刻建模的方式来进行。

任务 4.3　中国娃娃 Mixamo 骨骼绑定

1. 知识导入

Mixamo 是一个 3D 人物动画演示的网站,如图 4-49 所示。该网站于 2015 年被 Adobe 公司收购。用户能够直接使用网站自带的多个模型来制作角色动画,也可以通过导入自己的模型并让模型动起来。

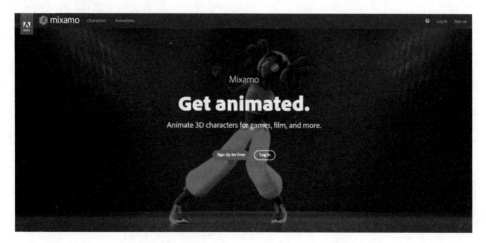

图　4-49

进入 Mixamo 的首页后,显示的是官方的介绍页面。单击 LOGIN 按钮即可登录,如图 4-50 所示。

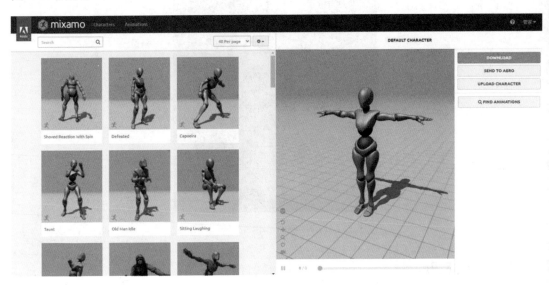

图 4-50

登录后进入的就是 3D 人物动画的展示页面,可以在该页面的左侧选择动画类型。Mixamo 提供的动作动画非常多,可以在上方搜索框进行关键词搜索,找到自己想要的动作动画。在页面右侧调整速度、关键帧、浏览角度等,在设置好后还能下载这个动态模型,如图 4-51 所示。

图 4-51

除了一开始看到的默认人物模型,还能在页面上方找到人物模型入口,进入角色模型的选择。直接单击相应的人物角色,就会替换页面右侧的模型,如图 4-52 所示。

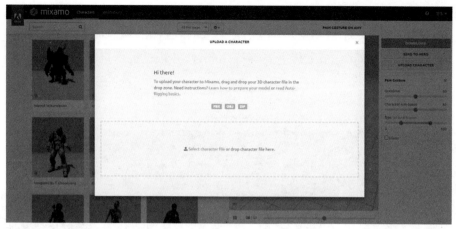

图　4-52

可以通过页面右侧的 Upload Character 来上传角色模型。上传的角色模型需要使用 FBX、OBJ、ZIP 格式。上传后，确认完模型没问题了，就可以开始进行骨骼绑定。Mixamo 的骨骼绑定是镜像的，所以只需要用鼠标把相应的骨骼点拖动到一侧，移至相应位置即可。骨骼绑定大概需要一段时间。绑定完成后，预览一下基础动作。如果骨骼绑定正常后，单击 Next 按钮即可使用。

Mixamo 的使用方式非常简单，如果需要在短时间内预览角色动画，那么 Mixamo 就是首选工具。还提供了角色模型的使用，既可作为动作参考，又可用于效果演示，都是很不错的选择。Mixamo 还提供了大量的动作动画可供选择，所需要的基础动画大部分都能找到。不过这个工具不能实现自由操控调整骨骼关节的功能，所以如果需要自定义动作动画，还是需要专业的软件以及工具来完成。但这并不妨碍 Mixamo 成为一个优秀的 3D 人物动画工具网站。

2. 实施步骤

（1）注册账号之后，上传模型素材（注意：模型元件全都转换为可编辑对象）。选择人偶模型的大小和方向作为参考，注意调整人物模型的大小和方向，方向要和默认人偶方向一致，大小也要和默认人偶大小相仿，如图 4-53 所示。"人形索体"仅仅为参照物，调整好模型大小后删掉即可。

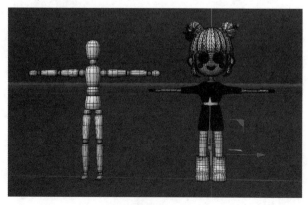

中国娃娃 Mixamo 骨骼绑定（步骤 1 ~ 3）

图　4-53

（2）在 Cinema 4D 中导出 FBX 或 OBJ 格式模型,选择"文件"→"导出"→FBX 或 OBJ 格式。登录后选择 UPLOAD CHARACTER,在新弹出的界面中,把导出的 FBX 或 OBJ 格式文件拖曳至界面中,上传需要等待几分钟,并根据提示进行绑定骨骼,如图 4-54 所示。

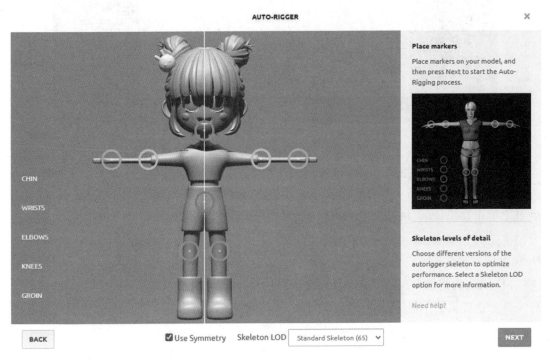

图　4-54

（3）单击 NEXT 按钮后,即可上传至界面中。根据案例选择动作,单击 DOWNLOAD 按钮下载,弹出如图 4-55 所示界面,参数值如图中所示,继续单击 DOWNLOAD 按钮下载文件,文件下载后即可导入 Cinema 4D 继续添加材质。

图　4-55

（4）将下载出的文件在 Cinema 4D 中打开,默认打开时是无法调整材质的,需要选择"场次"中的锁图标解锁,如图 4-56 所示。

中国娃娃 Mixamo 骨
骼绑定（步骤 4 ~ 5）

图　4-56

（5）解锁后即可按照正常的方式给模型赋予材质。新建"地板"，调整模型位置，搭建
场景环境，进行渲染环节。渲染主要采用 Arnold 基础材质，如图 4-57 所示。

图　4-57

（6）在此任务中可以适当根据要求增加灯光效果。选择 Arnold →
Arnold Light →"矩形灯 Quad"命令，如图 4-58 所示。在适当的位置放
置灯光，并调节灯光颜色，如图 4-59 所示。

中国娃娃 Mixamo 骨
骼绑定（步骤 6 ~ 8）

图　4-58

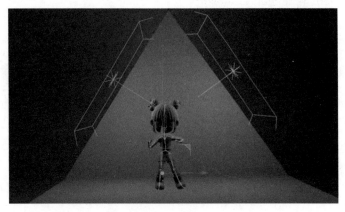

图　4-59

注意：灯光的摆放位置无固定格式，以最终效果佳为准。

（7）调整好效果后，选择"编辑渲染设置"（快捷键为 Ctrl+B），打开"渲染设置"面板，设置渲染参数，如图 4-60 所示。

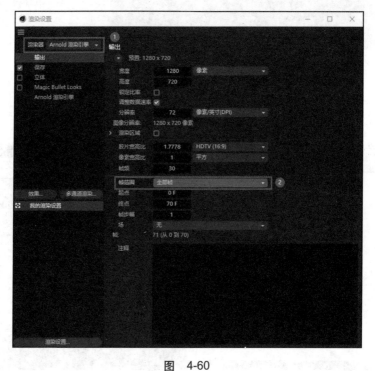

图　4-60

（8）设置好输出路径后，把"保存"中的"格式"修改为 MP4 即可开始渲染动画，等待渲染好后，即可得到渲染出的动画。

3. 总结与反思

本任务主要介绍了模型用 Mixamo 来智能绑定骨骼，并导出渲染动画的全过程，读者可以在此任务中举一反三，制作出不同的动画效果。本任务不仅可以导出渲染动画，也可以渲染出单独的画面，如图 4-61 所示。

图　4-61

项目5　Cinema 4D 动画

> 项目导读

Cinema 4D 可以用来制作三维动画,并对动画进行渲染,还能进行三维仿真动画制作,从而使视觉思维模式能够发挥更好的成效。在制作动画特效方面,为创作节省了很多时间,进一步降低了人力和时间成本,同时将最好的动画效果展现在观看者面前,这就是 Cinema 4D 动画所具备的商业价值。

本项目将讲解 Cinema 4D 动画技术,并分别讲解制作 Cinema 4D 动画的常用技术,包括关键帧、摄像机等来设计及制作动画。

> 学习目标

知 识 目 标	能 力 目 标	素 质 目 标
(1) 了解关键帧动画; (2) 了解常见的动画韵律与镜头语言; (3) 了解动力学相关知识	(1) 掌握 K 帧方法; (2) 熟练渲染及导出动画; (3) 掌握动力学操作方法	(1) 形成职业技能岗位意识,具有探究及创新的意识; (2) 养成严谨踏实的学习、工作作风

任务 5.1　元宝满满动画

1. 知识导入

元宝是古代的一种货币,由贵重的黄金或白银制成,一般以白银居多。在中国货币史上,正式把金银称作"元宝"是从元代开始的。元代称金银钱为"元宝",是表达元朝之宝的意思,当时把黄金叫作金元宝,把银锭叫作银元宝。在现代设计中,也常常会把元宝的图形比喻为金钱或财富。

本案例设计制作一个元宝散落的动画,可作为银行或理财的宣传动画使用,设计元素采用元宝造型,象征四平八稳,路路通畅,事事顺利,满载祝福之意。元宝外形寓意圆润和谐,自然圆满,和平祥和,国泰民安。

本案例主要使用了基础几何"立方体""地板",以及动力学体"子弹标签"中的"刚体""碰撞体"等,如图 5-1 所示。

图　5-1

2. 实施步骤

（1）新建基础几何"立方体"，并按 C 键转为可编辑对象，适当缩放面的大小，制作出如图 5-2 所示效果。

（2）选中上半部分的面，右击并选择"嵌入"工具，制作出如图 5-3 所示效果。

元宝满满动画
（步骤 1 ～ 5）

（3）适当调整布线，再按住 Ctrl 键挤出面，调整面的大小，制作出如图 5-4 所示效果。

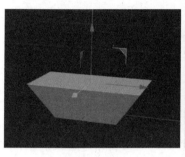

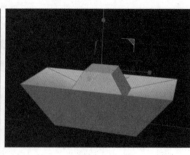

图 5-2   图 5-3   图 5-4

（4）新建"细分曲面"，把"立方体"放在"细分曲面"的子级中，制作出如图 5-5 所示效果。

（5）按 KL 键对"立方体"进行循环切割，综合调整点、线，制作出元宝的形状，如图 5-6 所示。

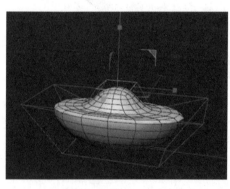
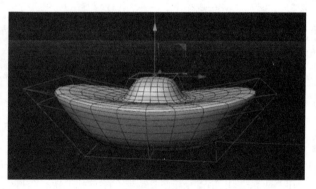

图 5-5   图 5-6

（6）新建"地板"，将"元宝"置于"地板"上，制作出如图 5-7 所示效果。

（7）复制"元宝"模型。新建"克隆"效果器，把复制出的"元宝"模型放在其子级中，制作出如图 5-8 所示效果。

（8）适当缩小"克隆"效果器中的"元宝"模型，并修改"克隆"参数，如图 5-9 所示，得到如图 5-10 所示效果。

元宝满满动画
（步骤 6 ～ 11）

（9）整理"对象"面板中的层级名称，如图 5-11 所示。

📓 **注意：** 这一步骤可根据个人习惯进行设置。

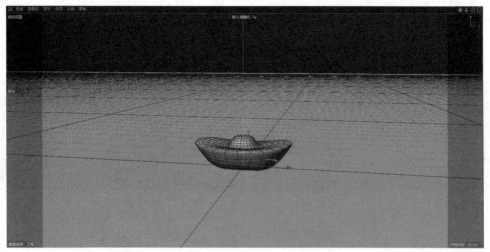

图　5-7

图　5-8

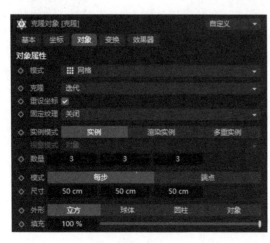

图　5-9

图　5-10

（10）在"对象"面板中的"克隆小元宝"上右击，并设置"子弹标签"中的"刚体"标签。在"大元宝"上右击并设置"子弹标签"中的"碰撞体"标签。同理，"地板"设置"子弹标签"中的"碰撞体"标签，标签效果如图5-12所示。

图 5-11 　　　　　　　　　　　　　　图 5-12

（11）单击"向前播放"按钮，即可生成元宝散落下来的动画效果，如图5-13所示。

（12）然后给模型赋予材质。

（13）进行动画渲染设置时，按Ctrl+D组合键调出"工程"属性面板，把"帧率"设置为25，"最大时长"为75F，"预览最大"为75F，如图5-14所示。

元宝满满动画
（步骤12）

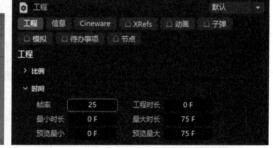

图 5-13 　　　　　　　　　　　　　　图 5-14

（14）按Ctrl+B组合键调出编辑渲染设置面板，渲染器修改为"Arnold渲染引擎"，"帧频"为25，"帧范围"改为"全部帧"，参数设置如图5-15所示。在"保存"选项中设置保存路径，格式为MP4；在"Arnold渲染引擎"选项中适当设置"光线深度"参数，以达到理想的渲染效果。参数设置如图5-16所示。

元宝满满动画
（步骤13~14）

📖 注意：　渲染的参数可根据计算机硬件条件酌情设置，一般渲染参数越大，对计算机硬件要求越高，渲染速度相对较慢，但渲染效果较好，如图5-17所示。

3. 总结与反思

可以根据本案例的制作方法举一反三，尝试综合运用动力学体"子弹标签"中的"刚体""碰撞体"等，可做出不同形式的动画作品。

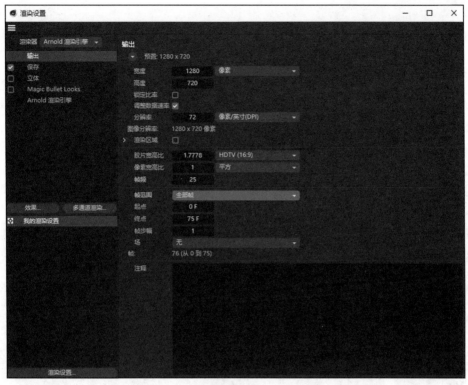

图 5-15

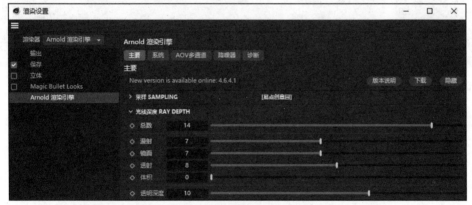

图 5-16

图 5-17

任务 5.2　礼物填充动画

1. 知识导入

Cinema 4D 的粒子"发射器"在"模拟"菜单中，如图 5-18 所示。执行粒子"发射器"后视图会出现矩形线框，这是粒子"发射器"的默认形状，单击时间轴的"向前播放"按键，可以发现粒子"发射器"会沿着 Z 轴方向发射了一些粒子，如图 5-19 所示。

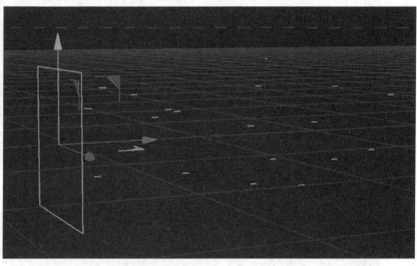

图　5-18　　　　　　　　　　　　　　　　图　5-19

粒子"发射器"是绿色图标，代表它在对象面板中属于父级单位，在"发射器"选项卡中设置如图 5-20 所示参数可以调节粒子状态。

2. 实施步骤

（1）新建"立方体"，参数依据实际情况自行设定，不宜过大或过小，继续新建填充的元素，新建 4 ~ 6 种基础几何形状，适当修改填充元素的大小，所有元素的比例大小如图 5-21 所示。也可依据项目需要增加模型元素，赋予不同的模型元素会使得画面更加丰富。

礼物填充动画
（步骤1）

注意： 这里使用的模型素材来自项目 2 中的任务 2.1。

（2）选择"模拟"菜单中的粒子"发射器"命令，并把填充的模型元素放置在"发射器"的子级，层级关系如图 5-22 所示。再设置如图 5-23 所示的参数，注意勾选"显示对象"。单击时间轴的"向前播放"按键，可以发现粒子"发射器"会沿着 Z 轴方向发射填充的模型元素，如图 5-24 所示。

礼物填充动画
（步骤 2 ~ 3）

使用"移动"和"旋转"工具把"发射器"放置在"立方体"内部,注意"发射器"大小
要小于"立方体"底部的面。

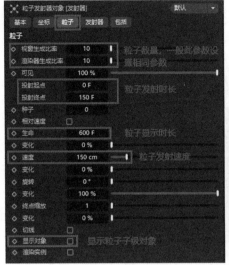

图　5-20

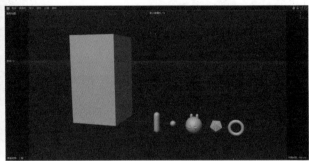

图　5-21

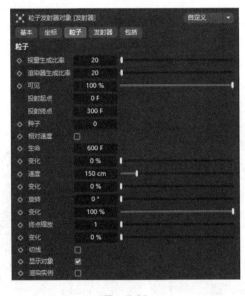

图　5-22　　　　　　　　　　图　5-23

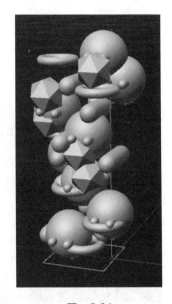

图　5-24

（3）为了显示清楚,在对象面板中选择"选项"→"透显",可显示"立方体"的内
部情况,如图5-25所示。此时播放粒子动画会超出"立方体"范围,所以需要给所有粒子
"发射器"的子级模型元素添加动力学体"子弹标签"中的"刚体"标签,如图5-26所示。
继续在对象面板中选中"立方体",给"立方体"添加动力学体"子弹标签"中的"碰撞体"
标签,并设置"碰撞体"标签中的"碰撞"面板中的"外形"为"静态网格",使"刚体"
元素被"静态网格"阻拦,参数面板如图5-27所示。

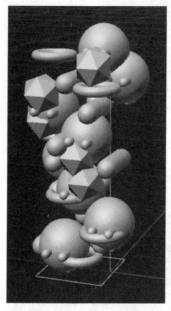

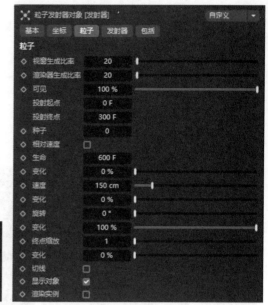

图 5-25　　　　　　图 5-26　　　　　　　　　图 5-27

（4）把时间轴的总帧数设置为 150F，单击时间轴的"向前播放"按键，可以发现粒子"发射器"发射的模型元素填充在了"立方体"的内部，如图 5-28 所示。隐藏"立方体"即可变成模型元素按照要求的形状填充的动画，如图 5-29 所示。按 Ctrl+D 组合键调出"工程"属性面板，把"帧率"设置为 25，"最大时长"为 150F，"预览最大"为 150F，如图 5-30 所示。

礼物填充动画
（步骤 4 ~ 6）

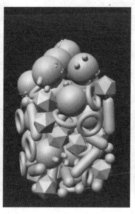

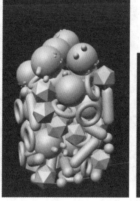

图 5-28　　　　　　图 5-29　　　　　　　　　图 5-30

（5）新建"地板"，调整模型位置，搭建场景环境，进入渲染环节。渲染主要采用了 Arnold 基础材质。

（6）按 Ctrl+B 组合键调出编辑渲染设置面板，渲染器修改为"Arnold 渲染引擎"，"帧频"为 25，"帧范围"改为"全部帧"，在"保存"选项中设置保存路径，格式为 MP4。在"Arnold 渲染引擎"选项中适当设置"光线深度"参数，以达到理想的渲染效果，效果如图 5-31 所示。

图　5-31

3. 总结与反思

　　粒子"发射器"是一种视觉，它可以利用粒子的形式创建出绚丽的视觉效果。C4D 的发射器可以发射出各种形状的粒子，如液体、气体、悬浮物等，从而帮助用户创造出丰富多彩的视觉效果。通过熟练掌握 C4D 粒子"发射器"技术，可以为视频制作带来炫酷的视觉效果。可简要搜集使用粒子"发射器"技术制作的商业案例来丰富并拓展创意视野。

任务 5.3　异世界入场动画

1. 知识导入

　　变形器是 C4D 软件中一个重要的对象类型，这一系列对象在日常操作中经常使用。有两种方法可以使用变形器来变形模型：一种是直接使用变形器作为受影响对象的子对象，另一种是将一个或多个受影响的对象放置在同一层级。前者只能影响单个对象，而后者可以影响多个对象，它还可以在不影响变形器的情况下为受影响的对象设置动画。

　　在 Cinema 4D R20 版本更新后，有一个非常好用的新特性，那就是"域"的概念，它的引入极大地增加了对运动图形的控制。域对象是通过影响效果器控制范围的一个对象，它需要配合效果器、顶点贴图、选集等来产生效果。

　　在本任务中将会结合变形器与"域"的制作方法，来设计制作出一段异世界入场动画。

2. 实施步骤

　　（1）新建基础几何"立方体"，并按 C 键转为可编辑对象，适当挤压面，制作出如图 5-32 所示效果。

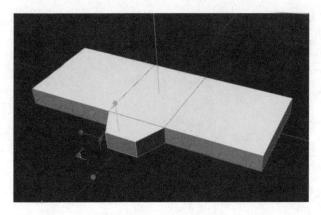

异世界入场动画
（步骤 1 ~ 3）

图　5-32

（2）在"边模式"下选择如图 5-33 所示的边，右击并选择"滑动"命令，按住 Ctrl 键制作出如图 5-34 所示的边。

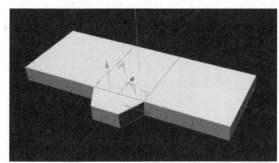

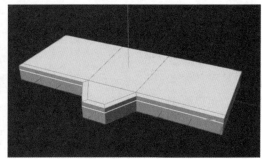

图　5-33　　　　　　　　　　　　图　5-34

（3）在"面模式"下选择如图 5-35 所示的面，右击选择"挤压"命令，制作出如图 5-36 所示的效果。

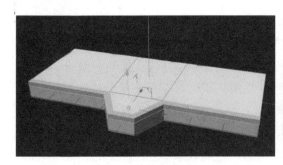

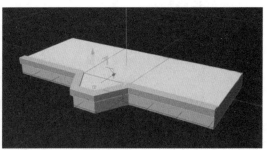

图　5-35　　　　　　　　　　　　图　5-36

（4）执行 2 次"对称"，制作出如图 5-37 所示的效果。再新建"克隆"对象，把"克隆"对象的"模式"修改为"线性"，适当调整坐标轴的位置，做出如图 5-38 所示的效果。

（5）按 C 键把"克隆"对象转为可编辑对象后，选择"破碎"，并把"克隆"放在"破碎"的子级中，适当调整"破碎"→"来源"→"点生成器-分布"→"点

异世界入场动画
（步骤 4）

数量"的参数,如图5-39所示,做出如图5-40所示的效果。

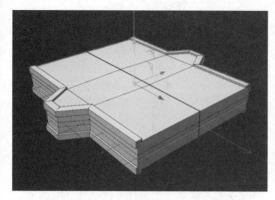

图 5-37

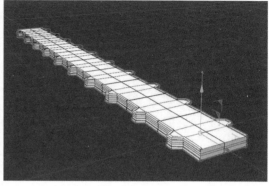

图 5-38

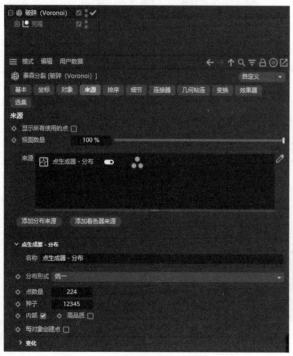

图 5-39

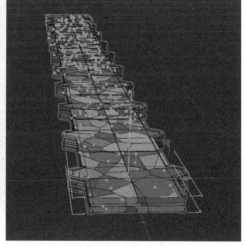

图 5-40

📝 **注意**："点生成器-分布"具有随机性,在实际制作过程中的破碎效果不唯一。可以对"克隆"进行"链接对象+删除"操作,方便后续制作。

(6) 新建"简易"效果器,把其放置在"克隆"对象的子级,并给"简易"效果器添加"线性域",层级关系如图5-41所示。

📝 **注意**： 在此步骤中,"简易"效果器Y轴参数控制坍塌效果的落差,"线性域"中的参数控制坍塌的范围,需要注意区分。

图 5-41

异世界入场动画（步骤 5 ~ 8）

（7）继续添加"线性域"→"域"→"限制"→"曲线"，如图 5-42 所示，并调整曲线的形状为如图 5-43 所示效果。

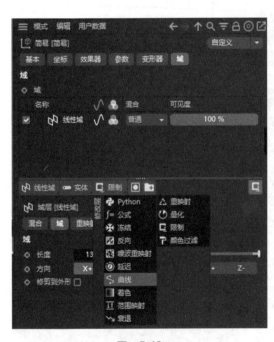

图 5-42

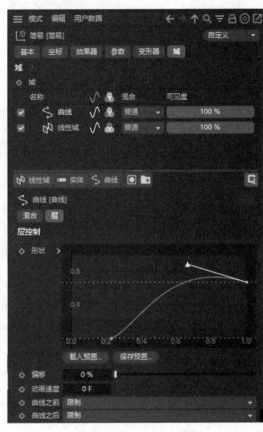

图 5-43

注意：此步骤是为了控制"线性域"在 Y 轴上的影响程度，可制作出坍塌浮上来的效果。

（8）增加"延迟"效果器，并把"模式"改为"弹簧"，适当设置"强度"参数，层级关系如图 5-44 所示，制作出动画的趣味感。

（9）按 Ctrl+D 组合键调出"工程"属性面板，设置"帧率"为 25，"最大时长"为 100，"预览最大"为 100。调整

图 5-44

好视野范围后，选择 Arnold → Arnold Camera → "透视摄像机 Persp_Camera"命令添加摄像机，给摄像机做一段向前进的位移动画，如图 5-45 所示。

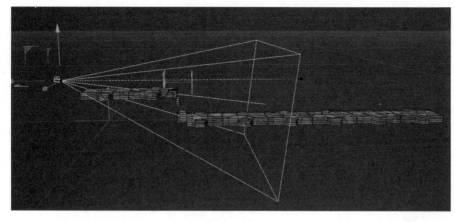

图　5-45

（10）然后将"线性域"放置在"摄像机"的子级中，层级关系如图5-46所示，此时进入摄像机视角后，播放动画即可出现案例中的效果。

图　5-46

（11）继续搭建场景模型，使背景错落有序，并进行渲染导出，如图5-47所示。

💡**注意**：本案例中可以尝试"Arnold天空"中的"物理_天空Physical Sky"，效果更佳。

图　5-47

异世界入场动画
（步骤11）

3. 总结与反思

本案例主要用到了变形器及域的理念，域的形状并不局限于一个，可以使用各种形状制作出多种效果。

项目6　Cinema 4D与Arnold渲染器

项目导读

为了满足广大设计师的需要，3D渲染器一直在推陈出新，当前的行业就有许多常见的渲染器，它们有共通之处，也有各自的优势。

除了 Cinema 4D 自带的默认渲染器，支持 Cinema 4D 的渲染器还有很多，Octane Render 是当下非常流行和受欢迎的 Cinema 4D 渲染器，是一个基于 GPU 和物理渲染的渲染器。Redshift 是一款高性能的生产质量渲染器，支持极其逼真的渲染技术。Arnold 渲染器是一款高级的蒙特卡罗光线追踪渲染器，专为长篇动画和视觉效果的要求而编写，这款渲染器的特点是支持实时渲染、节点拓扑化、几何量子化、全新的光线加速架构以及更加快速的光线追踪等。这些渲染器大多以插件的形式安装在 Cinema 4D 中，方便设计者使用。

本项目将详细介绍 Arnold 渲染器和常用的 Arnold 材质，着重介绍材质球和贴图的制作方法，以及如何通过设置材质、贴图为模型制作丰富的材质效果。

学习目标

知 识 目 标	能 力 目 标	素 质 目 标
(1) 了解 Arnold 渲染器； (2) 了解 Arnold 渲染器的应用领域	(1) 熟练掌握 Arnold 渲染器的界面与操作； (2) 熟练掌握并熟练应用 Arnold 材质的各种参数； (3) 熟练掌握渲染效果图的方法	(1) 形成职业技能岗位意识，具有探究及创新的意识； (2) 养成严谨踏实的学习、工作作风

任务 6.1　Arnold 基础材质

1. 知识导入

Arnold 渲染器正在被越来越多的电影公司以及工作室作为首席渲染器使用。

Arnold 的设计构架能很容易地融入现有的制作流程。它建立在可插接的节点系统之上，用户可以通过编写新的摄像机、滤镜、输出节点、程序化模型、光线类型以及用户定义的几何数据来扩展和定制系统。Arnold 渲染器菜单如图 6-1 所示。

2. 实施步骤

(1) 塑料材质。单击 ，打开"材质管理器"面板，选择"创建"→ Arnold →"曲面 Surface"→ standard_surface 命令，新建默认 Arnold

Arnold 基础材质

材质球,如图 6-2 所示。

图　6-1　　　　　　　　　　　　　　　图　6-2

双击材质球,打开"材质编辑器"面板,会显示如图 6-3 所示的参数,默认参数即为白色反光塑料材质,具体设置效果可参考图 6-3。

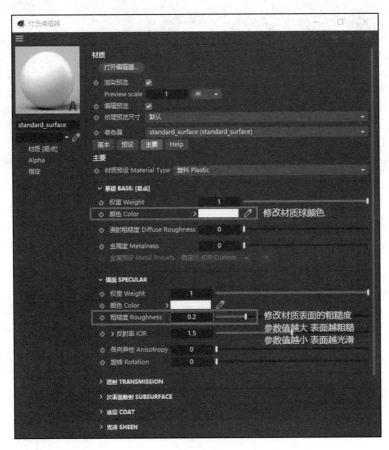

图　6-3

（2）金属材质。双击 Arnold 默认材质球，打开"材质编辑器"面板，把"主要"→"材质预设 Material Type"切换为"金属 Metal"，会显示如图 6-4 所示的参数，具体效果设置可参考功能设置特殊金属效果。

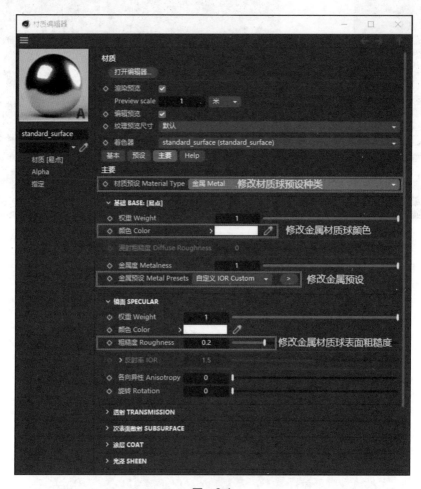

图 6-4

（3）玻璃材质。双击 Arnold 默认材质球，打开"材质编辑器"面板，把"主要"→"材质预设 Material Type"切换为"玻璃 Glass"，会显示如图 6-5 所示的参数，具体效果设置可参考图 6-5。

（4）发光材质。双击 Arnold 默认材质球，打开"材质编辑器"面板，选择"自发光EMISSION"，会显示如图 6-6 所示的参数，其中"权重 Weight"参数设置发光的强度，参数值越大发光效果越强；"颜色 Color"可以修改发光颜色。

3. 总结与反思

在 Arnold 基础材质中，塑料材质、金属材质、玻璃材质及发光材质在材质编辑器中修改参数即可，读者可根据材质需要调整参数，从而组合成多种多样的材质效果。

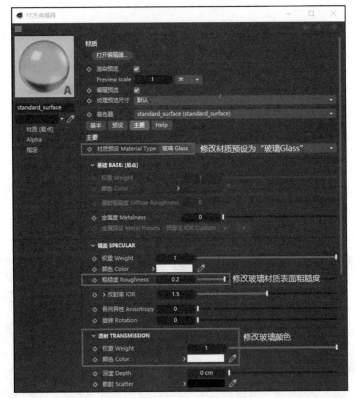

图　6-5

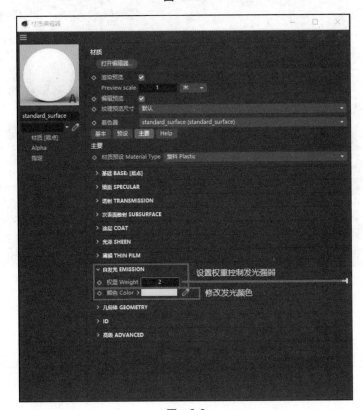

图　6-6

任务 6.2　Arnold 特殊材质

1. 知识导入

在 Arnold 渲染器中，有些特殊材质球需要打开"编辑器"来进行节点编辑，这些材质编辑较为复杂，可以表现出丰富的材质效果。

2. 实施步骤

（1）渐变材质。双击 Arnold 默认材质球，打开"材质编辑器"面板，单击"打开编辑器"按钮，如图 6-7 所示。

Arnold 特殊材质之
渐变材质

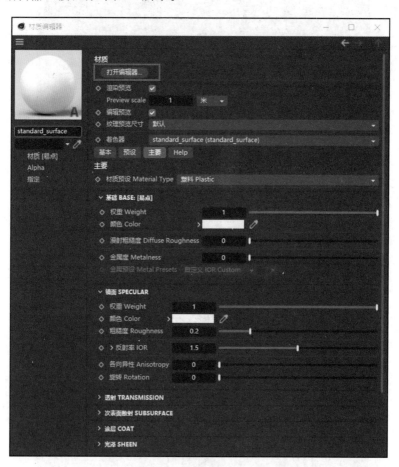

图 6-7

在新弹出的界面中搜索"渐变"，找到"RGB 渐变 Ramp_RGB"并将其拖曳到 standard_surface 中，如图 6-8 所示。

再用左键按住 Output 右边的小圆圈，拖曳到 standard_surface 中的蓝色方块区域后，选择"主要"→"基础 Base"→"颜色 Color"命令，得到一个基础黑白默认渐变材质球，如图 6-9 所示。

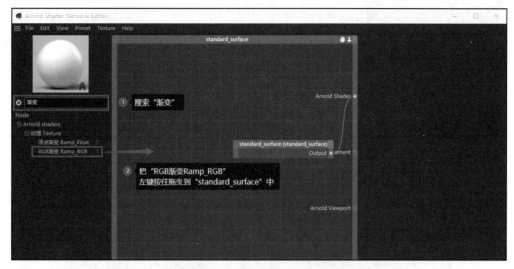

图　6-8

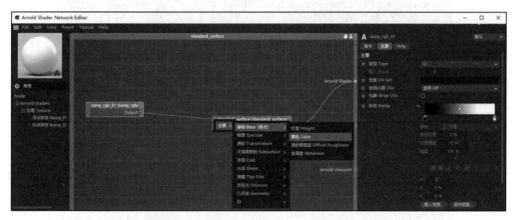

图　6-9

在右边的参数面板中，"类型 Type"可以修改渐变的类型，一般 U 为左右渐变，V 为上下渐变；"渐变 Ramp"可修改渐变颜色，如图 6-10 所示。

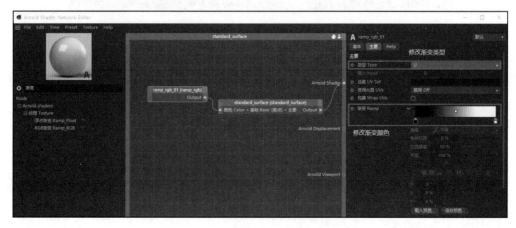

图　6-10

（2）贴图材质。"材质"用来指定物体的表面或数个面在着色时的特性，如颜色、光亮程度、自发光度及不透明度等。指定到材质上的图形称为"贴图"。一般都需要图片素材作为贴图材质，例如木纹贴图、大理石贴图、皮质贴图等。

Arnold 特殊材质之贴图材质

双击 Arnold 默认材质球，打开"材质编辑器"面板，单击"打开编辑器"按钮，如图 6-11 所示。

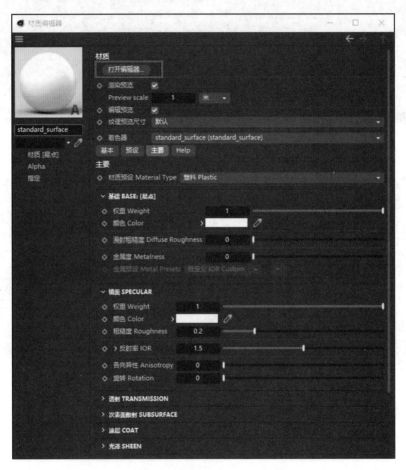

图 6-11

把素材图直接拖曳到 standard_surface 中，用鼠标左键按住 Output 右边的小圆圈，拖曳到 standard_surface 中的蓝色方块区域后，选择"主要"→"基础 Base"→"颜色 Color"命令，得到一个带着素材样式的材质球，如图 6-12 所示。本案例为大理石材质球，木纹材质球、皮质材质球若有相关素材，制作办法同理。

给模型赋予基础材质后，再新建 Arnold 默认材质球，打开"材质编辑器"面板，单击"打开编辑器"按钮，如图 6-13 所示。

把素材图直接拖曳到 standard_surface 中，用鼠标左键按住 Output 右边的小圆圈，拖曳到 standard_surface 中的蓝色方块区域后，选择"主要"→"基础 Base"→"颜色 Color"命令，得到一个带着素材样式的材质球，如图 6-14 所示。

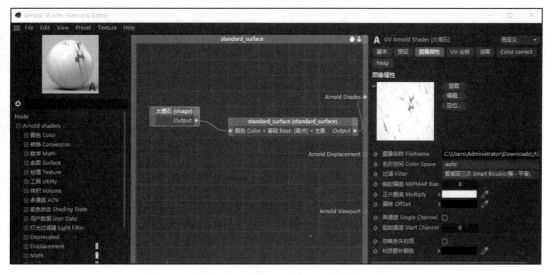

图　6-12

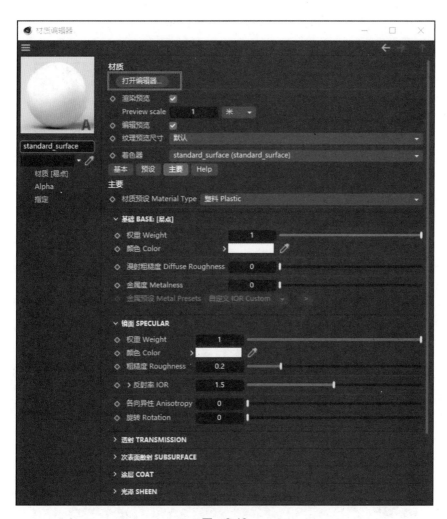

图　6-13

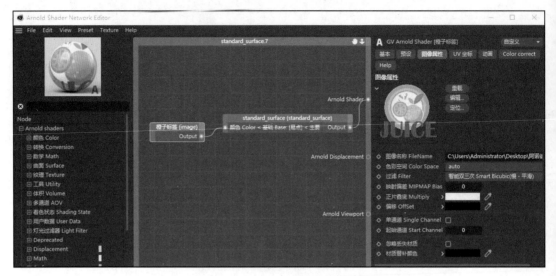

图　6-14

关闭"编辑器"面板，单击 Alpha 选项，如图 6-15 所示。

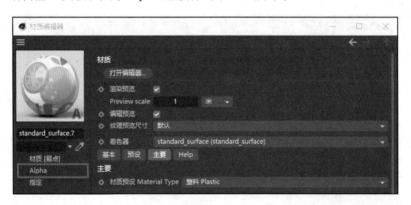

图　6-15

在 Alpha 选项中，"模式"选择"材质"，把 Logo 素材拖曳到"纹理"栏，如图 6-16 所示，这样就得到一个背景为透明的 Logo 材质球。

图　6-16

把背景为透明的 Logo 材质球赋予在需要贴图的位置,需要注意背景为透明的 Logo 材质球的位置,要放置在基础材质球后面 。调节背景为透明的 Logo 材质球参数,"透射"为"柱状"(注意:"透射"选项要根据模型样式进行灵活调整,一般圆柱形模型选择"柱状",而平面模型选择"平直");取消选中"平铺"复选框,适当调节"长度 U"和"长度 V",并结合"纹理模式" 调整贴图大小和位置,如图 6-17 所示。

渲染后得到的效果图如图 6-18 所示。

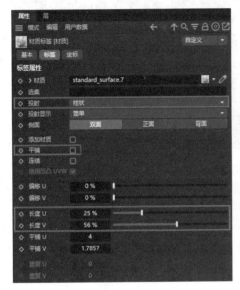

图　6-17

图　6-18

(3) 毛发材质。毛发材质在 Arnold 渲染器中需要配合默认渲染器一起使用。

新建"圆柱体"并且设置"圆柱体"的"对象属性",半径为 34cm,高度为 9cm,高度分段为 4,旋转分段为 64,如图 6-19 所示。

按 C 键把"圆柱体"转换为可编辑对象 ,在"圆柱体"上面"边模式" 中按 KL 键进行卡线操作,卡线的数量要适中,不宜过多或过少,如图 6-20 所示。

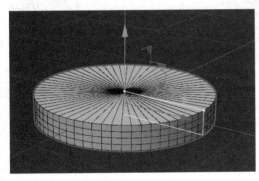

图　6-19

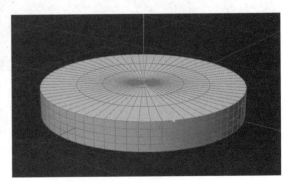

图　6-20

卡完线条后,选择"笔刷选择"工具 ,在"面模式" 下,把"圆柱体"上方的面选中,效果如图 6-21 所示。

给选中的面增加毛发效果，选择"模拟"→"毛发对象"→"添加毛发"命令，如图 6-22 所示，得到如图 6-23 所示的效果。

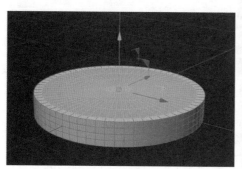

图 6-21　　　　　　　　　　图 6-22　　　　　　　　　　图 6-23

在"毛发对象"的"属性"面板中，修改"引导线"的参数，设"长度"为 10cm，如图 6-24 所示，得到如图 6-25 所示的效果。

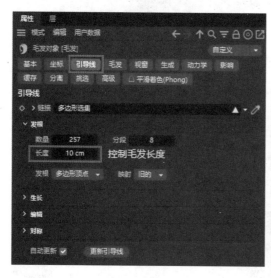

图 6-24　　　　　　　　　　　　　　图 6-25

要控制毛发数量，可以在"毛发对象"的"属性"面板中修改"毛发"参数，通过"数量"的参数值来控制毛发的密集程度，效果如图 6-26 所示。

搭建渲染环境，选择 Arnold →"Arnold 天空"命令，继续选择 Arnold →"IPR 实时预览" IPR IPR 实时预览 后，即可实时预览毛刷效果图，如图 6-27 所示。

修改毛发外观需要通过默认毛发材质球参数面板进行修改。打开"材质管理器"中的"毛发材质"，在"材质编辑器"中可以修改毛发的外观参数，效果如图 6-28 所示。

图　6-26

图　6-27

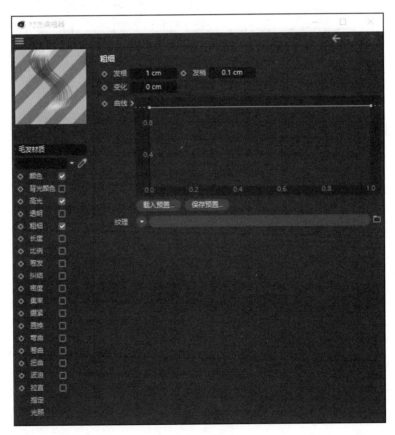

图　6-28

修改毛发的颜色则需要配合 Arnold 标准材质球，单击 ◎，打开"材质管理器"面板，选择"创建"→ Arnold →"曲面 Surface"→ standard_surface 命令，新建默认 Arnold 材质球，调整材质球的基础颜色，把调整好颜色的材质球拖曳到毛发材质球的后面，如图 6-29 所示。

最后再调整 Arnold 天空的参数和附上毛刷其他部分的材质球，即可渲染出图，得到如图 6-30 所示的毛刷效果。

（4）渲染背景为透明的效果图。在渲染环境搭建时，Amold 天空为，并且把"摄像机（可见）Camera"设置为 0，如图 6-31 所示。

图 6-29   图 6-30

图 6-31

再打开"编辑渲染设置" ![icon]，在"保存"选项中设置"格式"为PNG，并且选中"Alpha 通道"复选框，如图 6-32 所示。

设置好之后即可渲染出图，得到一张背景为透明底图的效果图，如图 6-33 所示。

（5）三渲二材质。"三渲二"也叫卡通渲染，是一种非写实渲染的特殊渲染风格。这个 技术通过在三维物体的基本外观上解析出平面颜色以及轮廓，使物体在拥有三维透视的同 时，也能呈现二维效果。这种技术已经成为许多动画、游戏和电影制作公司的首选，因为它 可以为观众带来更加卡通的视觉体验。

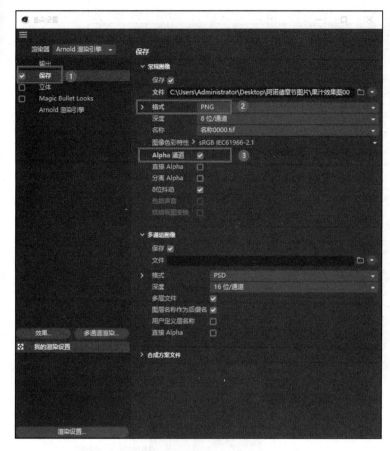

图　6-32

图　6-33

📌 **注意**：本任务中使用的为项目2-2.1中的案例模型。

在Arnold渲染器中制作三渲二的材质球,首先需要在"渲染设置"的"采样"中把"默认过滤器.类型"修改为"轮廓(卡通)Contour Filter",如图6-34所示。

"光线深度"的"总数"设置为0,如图6-35所示。

在创建Arnold材质球时,与一般材质球不同的是,需要选择"创建"→Arnold→"曲面Surface"→toon命令,新建三渲二材质球,如图6-36所示。

将新建好的toon材质球赋予模型上,即可出现带有线描效果的样式,如图6-37所示。

📌 **注意**：三渲二材质球可以通过"自发光"参数来增加材质球效果的扁平感,如图6-38所示。

除了Arnold渲染器可以制作出三渲二的效果,Cinema 4D自带的默认渲染器也可以制作出类似的效果。

Arnold 特殊材质之
三渲二材质 1

Arnold 特殊材质之
三渲二材质 2

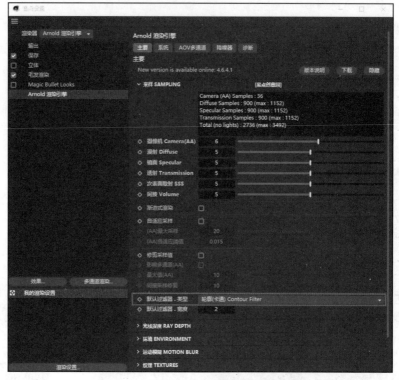

图 6-34

图 6-35

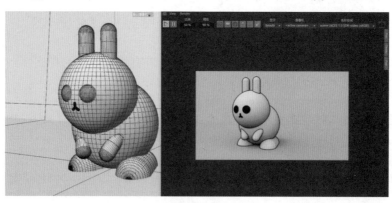

图 6-36

图 6-37

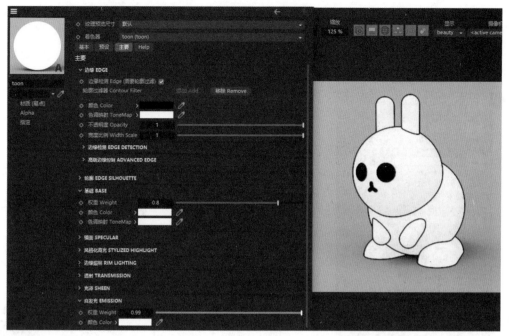

图 6-38

首先在材质球面板中双击新建默认材质球,修改材质球颜色,并附在模型上,如图6-39所示。

将模型全部编组后,将轴移动至模型的中心。

注意: 后续三渲二的光线旋转会以轴心为中心进行旋转,所以此处将轴移动至模型的中心为整个模型的中心。

添加默认摄像机,并进入摄像机视角。打开"渲染设置"→"效果"中的"全局光照"和"素描卡通",如图6-40所示。

图 6-39

图 6-40

打开"交互式区域渲染（IRR）"，如图 6-41 所示。可以观察到现阶段的模型为黑色。接下来新建"灯光"，即可在区域渲染的部分看到模型效果，如图 6-42 所示。

图 6-41

图 6-42

继续在材质球中找到"发光—纹理—素描与卡通—卡通"并进入"着色器"中，如图 6-43 所示。

取消选中"摄像机"复选框，选中"灯光"复选框，如图 6-44 所示。

📓 **注意**：设置"发光—纹理—素描与卡通—卡通"选项后，材质球的光影会出现变化，默认中心是摄像机。若想让光影随着光源变化，则需要进行此步骤的操作。

修改"漫射"中的颜色，可以制作出颜色变化的感觉，效果如图 6-45 所示。

这样用默认渲染器就可以制作出三渲二的效果，如图 6-46 所示。

3. 总结与反思

本任务主要介绍了渐变材质、贴图材质、贴图背景透明的 Logo、毛发材质、渲染背景为透明的效果图及三渲二技术等。这些材质都需要通过参数或节点进行调节，读者可根据需要自行调节参数，从而组合出丰富的材质效果。

Arnold 渲染器正在不断地发展和进化。使用它制作的作品不仅可以为人们提供更加逼真的视觉体验，而且将推动数字艺术领域的发展和进步。

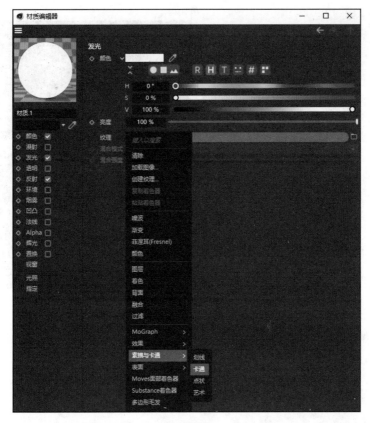

图　6-43

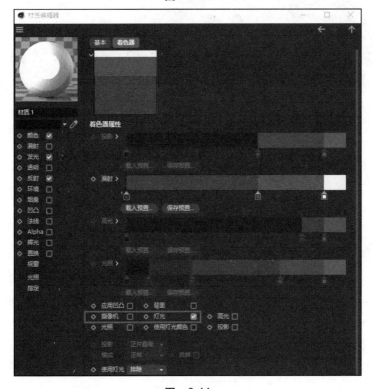

图　6-44

图 6-45

图 6-46

任务 6.3　Arnold 摄像机和灯光

1. 知识导入

Arnold 是一款先进的蒙特卡洛光线追踪渲染器，专为特征长度动画和视觉效果的需求而打造。Arnold 支持作为插件工作于 Maya、3ds Max、Houdini、Cinema 4D 等软件。它是 Maya 和 3ds Max 的内置交互式渲染器。

Arnold 的摄像机有很多种，其中透视摄像机 Presp_Camera 是最常用的，如图 6-47 所示。Arnold 的灯光种类众多，如图 6-48 所示，往往可以互相组合，打造出真实的环境灯光效果。

Arnold 摄像机和
灯光之灯光

图　6-47　　　　　　图　6-48

摄像机后面有阿诺德的标签，控制着摄像机的参数，如图 6-49 所示。

图　6-49

摄像机设置：使用 Arnold 渲染引擎时，摄像机设置变得尤为重要。Arnold 渲染器支持多种摄像机属性，如景深、运动模糊、物体运动模糊等。这些功能可以模拟实际摄影机的效果，使得画面更加真实。

光照效果：Arnold 的灯光系统非常灵活，可以模拟各种光源效果，如自然光、室内灯光、环境光等。光照设置可以影响场景的整体氛围和情感表达。比如，使用不同类型的灯光可以营造出温馨、神秘、惊险等不同的情感。

全局照明：Arnold 渲染器的全局照明特性可以让光线更自然地在场景中传播，产生更真实的阴影和反射效果。这可以使得场景看起来更加逼真，物体之间的互动也更加自然。

环境设置：使用 Arnold 时，可以通过设置环境和背景来影响整个场景的感觉。使用 HDR 贴图可以为场景添加逼真的背景，增强整体的视觉效果。

后期处理：Arnold 渲染出的图像可以进一步在后期处理软件中进行调色、特效等处理，以进一步增强作品的视觉效果。

综上所述，Cinema 4D 的 Arnold 渲染引擎配合摄像机和灯光的运用，为作品带来了更多的表现力和逼真感。通过精心地设置和调整，可以创造出各种不同风格和氛围的渲染效果，让作品更具吸引力和感染力。

2.　实施步骤

（1）矩形灯（quad）。矩形灯是在 Arnold 的众多灯光种类中最常用的一种光源，形状为可调节矩形大小的光源形状，如图 6-50 所示。

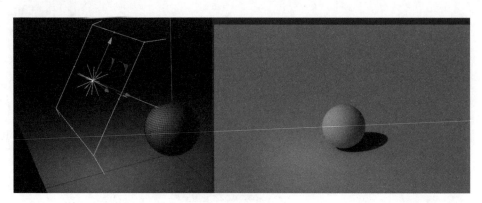

图　6-50

（2）圆柱灯（cylinder）。圆柱灯的参数设置与矩形灯光比，多出了高度和半径来设置圆柱灯光的高与宽，此灯光在物体上投射的高光呈现圆柱状，适合模拟灯光棒的灯光效果，如图 6-51 所示。

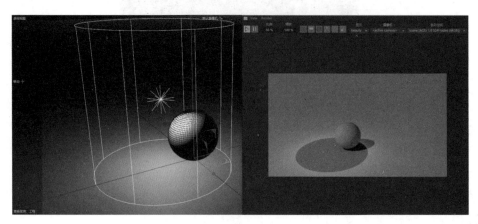

图　6-51

（3）平行光（distant）。平行光的参数设置与矩形灯光比，多出了角度来设置平行光的阴影强度。平行光模拟的是太阳光，所以阴影边缘很硬。平行光没有明显的高光反射，适合模拟日光下的场景，如图 6-52 所示。

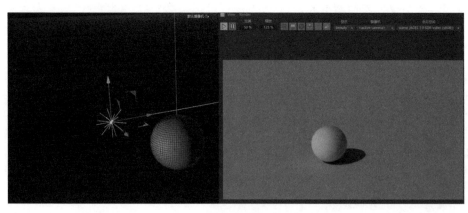

图　6-52

（4）点光（point）。点光的半径控制着光源发散范围,适合用于制作灯泡或者射灯的效果,如图 6-53 所示。

图　6-53

（5）盘光（disk）。盘光的参数设置与矩形灯光比,多出了半径来设置盘光的大小,此灯光在物体上投射的高光呈现圆形,如图 6-54 所示。

图　6-54

透视摄像机 Persp_Camera 是在 Arnold 的摄像机中最常用的摄像机种类,它接近于正常视角所示范围,可以通过调整曝光、景深等参数制作出不同的镜头效果,如图 6-55所示。

3. 总结与反思

配合 Arnold 的摄像机和灯光,可以给作品增加不一样的效果。当将 Cinema 4D 中的 Arnold 渲染引擎与摄像机和灯光一起使用时,可以为作品带来独特的视觉效果和更高质量的渲染。这种组合可以大大提升作品的真实感、氛围和表现力,让场景更加引人入胜。

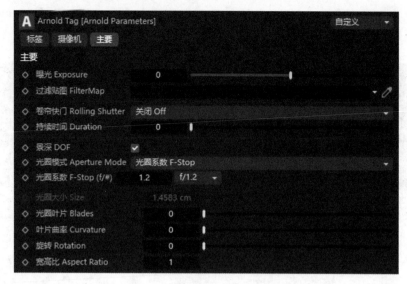

图　6-55

项目7 "1+X"数字创意建模综合实训

项目导读

数字创意建模职业技能等级证书是根据新时代行业发展的需求,适合前沿的发展方向及行业需求,为标准化行业规范而设置。国家陆续出台"1+X"相关政策,将X作为1(学历证书)的补充、强化、拓展,并将其作为职业技能水平的凭证,反映职业活动和个人职业生涯发展所需要的综合能力。

本项目将以数字创意建模职业技能等级证书历届真题为切入点,带领读者全面了解面向数字媒体方向的数字创意建模职业技能等级证书的相关内容,使读者通过本项目的学习,能够顺利通过"1+X"数字创意建模职业技能等级证书的考试内容。

学习目标

知 识 目 标	能 力 目 标	素 质 目 标
了解数字创意建模职业技能等级证书	(1) 熟练掌握"1+X"数字创意建模职业技能等级证书(中级)的理论考试内容; (2) 掌握"1+X"数字创意建模职业技能等级证书(中级)的实操考试软件技术	(1) 形成职业技能岗位意识,具有探究及创新的意识; (2) 养成严谨踏实的学习、工作作风

根据行业要求与院校专业设置,数字创意建模划分为数字媒体、环境设计、产品艺术设计三个不同的方向,分别设定专业化的考核题目,使考核内容与该行业需求紧密接轨。数字创意建模职业技能等级证书考核"创意"与"建模"的基础能力,其中涵盖了对于创造性、技术能力与综合能力的考查。

通过数字创意建模职业技能等级证书考核,主要考查考生在本专业方向上运用建模软件进行基础建模的设计表达能力,能够完整地完成规定难度的模型构建任务以及一系列相关的效果表现流程,以达到"学以致用"的根本目的。

1. 考试要求

考题类型以角色及场景创建为主,从概念图到三维模型,允许适当发挥,另加部分细节。在规定时间内,要求围绕给定的概念设计稿或者另外根据需要提供的标准角度视图,运用自选三维软件展开建模,要求三维造型或空间表现合理,布线合理,疏密得当,灯光及材质合理,效果图摄像机构图,后期效果图处理,掌握完整项目制作流程。

2. 考试素材

考试提供素材包括但不限于基础模型、光照环境场景、素材图像、参考图像等。

3. 考试提交文件

需要制作及储存为考试所要求的格式。

（1）模型文件：源文件在保存原有软件格式基础上，额外输出 obj 格式。

（2）渲染效果图：1 张自选角度渲染效果图，jpg 格式，尺寸与分辨率不做统一规定，见具体考题。

（3）模型展示图：将正视图、侧视图截图（以实体模式），将透视图（自选角度）截图（以实体＋网格模式），将 UV 展开窗口截图，并与渲染图一同排列在一个版面上。文件要求：jpg 格式，尺寸及排版版面不做统一规定，见具体考题。

（4）考试内容打包压缩为 zip 格式文件，并按照"准考证号_姓名.zip"的形式提交。

4. 评分标准

卷面总分为 100 分，合格标准为 60 分。主要从造型完成度、造型精确度、UV 和贴图、效果图表现和文件规范 5 个方面进行评分。详情参照表 7-1 的评分标准。

表 7-1　评分标准

总　分	分数分配	分数细分	要　求
100 分	建模文件（85 分）	造型完成度（50 分）	（1）整体模型完成度（25 分） （2）细节部分完成度（15 分） （3）UV、贴图文件完整（10 分）
		造型精确度（25 分）	（1）模型布线均匀（5 分） （2）模型主要位置不出现多边面（5 分） （3）模型不出现影响形变的扭曲（5 分） （4）模型面数不超过规定（5 分） （5）坐标原点调整到模型最下方（3 分） （6）模型必须站立在原点上（2 分）
		UV 和贴图（10 分）	（1）UV 使用率是否超过 80%（5 分） （2）UV 是否重叠（3 分） （3）棋盘格是否有拉伸（1 分） （4）UV 是否在 0～1 区间（1 分）
	考试规范（15 分）	效果图表现（10 分）	渲染图表现（5 分） 排版构图（5 分）
		文件规范（5 分）	（1）提交完整的考试源文件和渲染图（2 分） （2）考试系统正确上传渲染图和排版图（2 分） （3）文件压缩包按照正确的命名规范命名（1 分）

任务 7.1 卡 通 房 子

模型设计稿如图 7-1 所示。

图 7-1

可选素材：基础贴图（可选择使用或自行制作）。

1. 建模要求

（1）使用多边形建模工具（如 3ds Max、Cinema 4D 等），模型面数不超过 10000 面。

（2）模型比例恰当，结构合理，可以适当添加细节。

（3）贴图可以使用软件自带材质，也可以使用提供的贴图。

（4）自行选择、使用渲染器，如选 Keyshot/Subtance Painter 或用其他软件来渲染最终效果图，单张效果图分辨率不小于 1280×720 像素，并按照模型效果图示例进行排版。

2. 提交文件要求

提交文件具体要求如下。

（1）模型源文件（当前使用的制作软件的默认保存格式）。

（2）额外导出模型文件通用三维格式（扩展名为 .obj 或 .fbx）。

（3）模型效果图。

（4）模型三视图＋线框图（图 7-2）。"模型效果图"及"三视图＋线框图"的尺寸都为 A4（297×210 毫米）。

3. 打包及提交

考试内容打包压缩为 zip 格式文件并按照"准考证号＿姓名 .zip"的形式提交（不支持 rar 格式）。

扩展练习：数媒
真题机器人

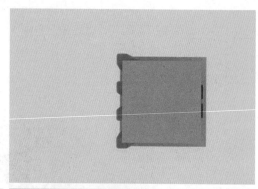

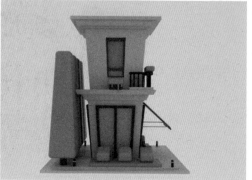

图 7-2

任务 7.2　风　车　小　屋

模型设计稿如图 7-3 所示。

图　7-3

1. 建模要求

（1）使用多边形建模工具（如 3ds Max、Maya、Cinema 4D 等）进行建模,三角形面数不超过 30000 面。

（2）模型比例恰当,结构合理,根据设计稿自行在合适位置添加倒角,可以适当添加细节。

（3）模型制作完成后展开 UV,可使用提供的自动展 UV 插件。

（4）使用提供的软件进行贴图制作,并根据设计图在模型相应位置添加提供的图案,可以选择手绘贴图,也可以选择使用程序纹理。

（5）自行选择、使用渲染器,如用 Keyshot/Marmoset Toolbag 或其他软件来渲染最终效果图,单张效果图的窄边分辨率不小于 1000 像素,并按照模型效果图示例进行排版。

2. 提交文件要求

具体要求如下。

（1）模型源文件（当前使用的制作软件的默认保存格式）。

（2）额外导出模型文件通用三维格式（扩展名为 .obj 或 .fbx）。

（3）模型效果图。

（4）模型三视图＋线框图（图 7-4）。"模型效果图"及"三视图＋线框图"的尺寸都为 A4 纸大小（297×210 毫米）, 150 像素分辨率。

（5）UV 图,贴图。

图 7-4

3. 打包及提交

考试内容打包压缩为 zip 格式文件并按照"准考证号 _ 姓名 .zip"的形式提交（不支持 rar 格式）。

扩展练习：数媒
真题攻城锥

任务 7.3　机　器　人

模型设计稿如图 7-5 所示。

图　7-5

1. 建模要求

（1）使用多边形建模工具（如 3ds Max、Maya、Cinema 4D 等）进行建模，三角形面数不超过 30000 面。

（2）模型比例恰当，结构合理，根据设计稿自行在合适位置添加倒角，可以适当添加细节。

（3）模型制作完成后展开 UV，可使用提供的自动展 UV 插件。

（4）使用提供的软件进行贴图制作，并根据设计图在模型相应位置添加提供的图案，可以选择手绘贴图，也可以选择使用程序纹理。

（5）自行选择、使用渲染器，如用 Keyshot/Marmoset Toolbag 或其他软件来渲染最终效果图，单张效果图的窄边分辨率不小于 1000 像素，并按照模型效果图示例进行排版。

2. 提交文件要求

具体要求如下。

（1）模型源文件（当前使用的制作软件的默认保存格式）。

（2）额外导出模型文件通用三维格式（扩展名为 .obj 或 .fbx）。

（3）模型效果图。

（4）模型三视图＋线框图（图7-6）。"模型效果图"及"三视图＋线框图"的尺寸都为A4纸大小（297×210毫米），150像素分辨率。

（5）UV图,贴图。

3. 总结反思

考试内容打包压缩为zip格式文件并按照"准考证号＿姓名.zip"的形式提交（不支持rar格式）。

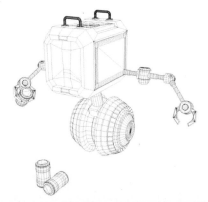
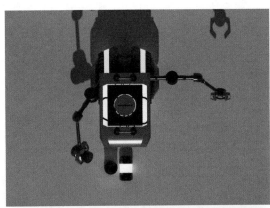

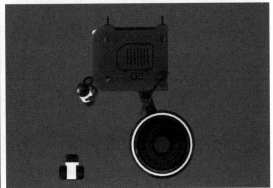

图　7-6

扩展练习：数媒
真题阁楼

参 考 文 献

[1] 秦旭东,龙乐豪,等 . 我国航天运输系统成就与展望 [J]. 深空探测学报,2016,3(4):315-322.

[2] 仲新朋 . 中华典故 [M]. 长春:吉林文史出版社,2019.

[3] 艾齐 . 了解点中华成语 [M]. 哈尔滨:黑龙江科学技术出版社,2016.